中等职业教育电类专业系列教材

# 电子产品制作与技能训练

王　毅　主编

黄昌伟　陈文林　罗　静　副主编

刘术平　陈　敏　王瑞芹　参　编

U0273674

科学出版社

北　京

## 内 容 简 介

本书为中等职业教育改革创新教材，是根据教育部颁布的最新教学大纲、相关部门颁布的职业标准、全国中职学生技能大赛的相关要求编写的。

本书是以工作过程为导向、任务引领的项目式一体化教材，充分体现"做中学，做中教"的职业教育理念，突出以培养学生职业核心能力为目标。

本书共13个项目，主要内容包括常用电子元器件的识别与检测、指针式万用表和数字万用表的正确使用、烙铁手工焊接技能、面包板搭接电子产品的技能、万能板制作电子产品的技能、电子产品的装配与调试工艺、实用又简单的模拟电路和数字电路的识读检修等。

本书可作为各类中等职业学校、技工学校、技师学院电子类专业的基础技能训练教材，也可作为电子装接工、调试工、检测工职业技能鉴定的培训教材和自学电子技术用书。

**图书在版编目（CIP）数据**

---

电子产品制作与技能训练/王毅主编 . —北京：科学出版社，2014.6
ISBN 978-7-03-039773-7

Ⅰ.①电…　Ⅱ.①王…　Ⅲ.①电子产品－生产工艺－中等专业学校－教材　Ⅳ.①TN05

中国版本图书馆 CIP 数据核字（2014）第 027529 号

---

责任编辑：刘敬晗　范文环 / 责任校对：刘玉靖
责任印制：吕春珉 / 封面设计：耕者设计工作室

---

科学出版社 出版
北京东黄城根北街 16 号
邮政编码：100717
http://www.sciencep.com
北京九州迅驰传媒文化有限公司 印刷
科学出版社发行　各地新华书店经销

\*

2014 年 6 月第 一 版　　开本：787×1092　1/16
2023 年 9 月第六次印刷　　印张：15
字数：320 000

**定价：52.00 元**
（如有印装质量问题，我社负责调换〈九州迅驰〉）
销售部电话 010-62136230　编辑部电话 010-62135397-2001

# 本书编写人员

顾　问　邓泽民　教育部职业技术教育中心研究所

主　编　王　毅　重庆市科能高级技工学校
副主编　黄昌伟　重庆市工商学校
　　　　陈文林　重庆立信职业教育中心
　　　　罗　静　重庆市龙门浩职业中学
参　编　刘术平　重庆市科能高级技工学校
　　　　陈　敏　重庆市科能高级技工学校
　　　　王瑞芹　赣州农业学校

本书为培养电子产品装配与调试初级技能的一体化教材。

本书的教学目标是使学生掌握电子产品装配与调试操作初级技能，使电子技术从业人员能达到国家劳动和社会保障部颁布的 5 级技能职业资格水平。

本书为中等职业教育改革创新教材，有以下特色。

1. 全新的编写理念，利于中职一体化教学改革

该教材的编写以学生就业为导向，以学生为主体，以培养学生的职业核心能力为目标，着眼于学生职业生涯的持续发展。把企业的"6S"现场管理模式融入实训教学中，把学生职业素养的培养融入教学过程中，学生在完成每个工作任务的同时，达到学习电子技术基本知识和技能的目的，真正体现了"工学结合"。

本书打破了传统的编写模式，采用了"项目驱动"、"任务引领"的新体系、新模式，把电子技术的基本技能与技能训练有机地结合在一体，真正做到了"边做、边学、边教"的一体化教学理念。

2. 教学内容体现"四新"、必需和实用的特点

本书参照劳动和社会保障部对无线电装配工、调试工等电类工种初级工职业资格标准编写而成，在原有《电子技能与实训》（陈雅萍，高等教育出版社）、《电子产品装配与调试》（刘晓书，科学出版社）等教材基础上大胆创新，引入 SMT 贴片元器件的检测、焊接、装配技能，增加了传感器技术、电子控制技术、电子 CAD 技术、电子仿真技术等。本书在内容上体现了电子技术行业的"新技术、新材料、新设备、新工艺"。

教材的每个项目均以一个实际的电子产品为载体，围绕该电子产品的认识、设计、制作、检测、电路分析来划分任务，每个任务以"干什么"、"怎么干"为线索来完成。通过一个个有趣而实用的产品，激发学生学习电子技术的兴趣；通过自评、互评、老师评价的评分体系，促使学生完成任务；最终达到学生学会电子技术的基本技能，即万用表的使用、电子元器件的认识与检测、电子元器件的焊接工艺、简单电路原理分析和电子产品制作工艺等。

同时，在技能训练中有机结合了《电子技术基础与技能》（胡峥，机械工业出版社）、《电工技术基础与技能》（曾祥富，科学出版社）中相关基础理论知识点，使知识、技能、理论、实践、态度、情感有机结合在一起。

3. 教材结构适合中职学生的认知特点

本书共 13 个项目，用面包板制作 5 个简单电路；用万能板设计与制作 8 个精选又实

用的电路，内容包括 14 个电子产品的制作。目的是达到培养电子专业学生的电子技术基本技能。其中，标有"＊"的项目为选学内容。

本书第一部分主要介绍使用面包板搭接制作电路，有 5 个项目；第二部分主要介绍使用万能板制作电路，共 8 个项目，其中有 3 个项目为选学内容（书中使用"＊"进行了标准），基本覆盖了模拟电路、数字电路、电工基础中的基础知识。教材编排由易到难，符合中职学生的认知特点。每个项目均以典型实用电路为载体，制作电路由易到难；电路制作的方法先使用面包板，再使用万能板制作；通过实施对每个电路的认识、元器件的认识与检测、电路设计与制作、电路检测等任务，使学生在完成每个工作任务的过程中逐步熟练掌握常用电子元器件的识别与检测技能、指针式和数字式万用表的正确使用方法、烙铁手工焊接技能、利用面板板搭接电子产品的技能、利用万能板制作电子产品的技能，掌握电子产品的装配与调试工艺，学会简单模拟电路和数字电路的识读检修能力，初步认识新器件，了解电子控制技术、传感器技术、显示技术和仿真技术。

4. 教学内容呈现方式新颖多样

本书作为教材，其教学内容呈现方式有图、文、表，形象生动，趣味性强，符合中职学生的认知特点，内容可操作性强，容易激发学生学习电子技能的兴趣。同时，每个项目都有相应的相关知识链接，配有多媒体电子课件，实现了立体化教材的建设。

本书在编写过程中得到了重庆电子协会，以及相关电子企业、行业的的大力支持，得到了多位教师、电子行业技术人员的帮助，是集体智慧的结晶。本教材是在中职技能大赛引领中职教育的背景下编写而成，因而编写理念、教学内容、呈现形式都有技能大赛的特色。

本书不足之处在所难免，望广大读者朋友批评指正。

本书推荐教学课时为 52～64 学时，各项目参考学时数分配如下：

| 项　　　目 | 计划学时 |
| --- | --- |
| 项目 1　搭接发光二极管指示电路 | 8 学时 |
| 项目 2　搭接电位器调光电路 | 2 学时 |
| 项目 3　搭接电容器充电与放电电路 | 2 学时 |
| 项目 4　搭接三极管放大电路 | 4 学时 |
| 项目 5　搭接光控电路 | 4 学时 |
| 项目 6　制作简易电路 | 12 学时 |
| 项目 7　制作声光报警电路 | 8 学时 |
| 项目 8　制作双音门铃电路 | 4 学时 |
| 项目 9　制作流水灯电路 | 4 学时 |
| 项目 10　制作喊话器电路 | 4 学时 |
| ＊项目 11　制作温度控制器电路 | 4 学时 |
| ＊项目 12　制作声光控灯电路 | 4 学时 |
| ＊项目 13　仿真与制作调光灯电路 | 4 学时 |

注：＊为选学内容。

# 目　录

前言

## *项目12　制作声光控灯电路 　184

## *项目13　仿真与制作调光灯电路 　200

# 搭接发光二极管指示电路

知识目标 ☞

1. 了解电路的组成，以及电压、电流、电阻的概念。
2. 掌握指针式万用表和数字式万用表的使用方法。
3. 掌握发光二极管指示电路的工作原理及应用。
4. 了解贴片电阻器。

技能目标 ☞

1. 能识别电阻器、发光二极管，以及使用万用表检测其参数、性能。
2. 能使用电路实验板（俗称面包板）搭接发光二极管指示电路。
3. 能使用万用表测量电阻、直流电压和直流电流。

在日常生活中随处可见利用发光二极管作为信号指示，本项目将使用面包板搭接一个发光二极管指示电路，从而使读者认识和检测组成电路的发光二极管、电阻器、电池等电子元器件，并初步学会使用万用表测试电路参数。发光二极管指示电路如图 1.1 所示。电路原理图（又称电路图或电子线路图）是由电子元器件的图形符号按规定的关系组合，并实现一定功能的图形。

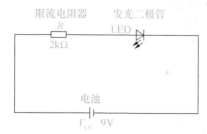

图 1.1　发光二极管指示电路

工作原理：该电路由 9V 电源、发光二极管 LED 和限流电阻器 R 组成。发光二极管正

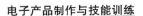

极通过限流电阻器与电源正极相连，发光二极管负极与电源负极相连。发光二极管只要两端加上足够的正向电压就能导通发光，而其两端加上反向电压或正向电压过低时则会截止不发光。发光二极管根据上述导通性能指示电子产品的工作状态。

## 任务 1.1　识别与检测发光二极管指示电路的元器件

**任务描述：**

认识发光二极管指示电路所需元器件，并正确使用指针式万用表对这些元器件进行检测，将检测数据填入表 1.3 中。

### 1.1.1　实践操作：认识与使用指针式万用表，以及识别与检测电阻器和发光二极管

**器材准备**　识别与检测发光二极管指示电路需准备的元器件和仪表工具如表 1.1 所示。

表 1.1　发光二极管指示电路元器件清单及仪表

| 代　号 | | 名　称 | 实物图 | 电路符号 | 规格/型号/相关信息 | 功能或作用 |
|---|---|---|---|---|---|---|
| 元器件 | $R$ | 电阻器 | | | RJ7 − 0.25<br>2kΩ，误差为 ±1% | 限流、降压（负载） |
| | LED | 发光二极管 | | | 红色 φ5（长引脚为正，短引脚为负） | 发光指示（负载） |
| | $V_{\text{CC}}$ | 叠层电池 | | | 9V 电池 1 节（或 9V 直流电源） | 电源（提供电能） |
| 其他材料 | | 连接导线 | | | 专用（φ0.3 硬铜芯导线 100mm） | 连接电路 |
| | | 电池扣 | | | 连接 9V 电池正负极 | 连接电池 |
| | | 鳄鱼夹 | | | 红色和黑色各 1 个 | 夹接电路（充当开关） |
| 仪表 | | 万用表 | | | MF47 型 | 测量电阻、电压及电流 |

**1**　认识与使用指针式万用表

第一步　认识指针式万用表内部结构。

MF47 型指针式万用表主要由表头、测量线路和旋转开关 3 部分组成，如图 1.2 所示。

表头是一只高灵敏度的磁电式直流电流表；测量线路是把各种被测量电路变换为表头适应的直流电流的电路；旋转开关用于切换不同的测量线路，以满足不同被测量元器件和不同挡位的测量要求。

第二步 认识指针式万用表的刻度盘。

如图1.3所示，万用表面板主要由刻度盘和操作面板两部分组成。刻度盘上有指针、反光镜、刻度线（标度尺）和一些字符标示。操作面板上主要有旋转开关、机械调零旋钮、欧姆调零旋钮、表笔插孔、三极管放大系数检测插孔及挡位标示牌。

图1.2 MF47型万用表内部结构

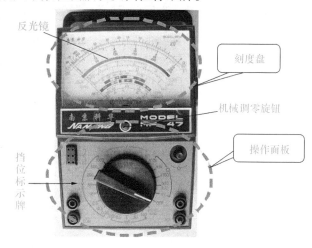

图1.3 MF47型万用表面板

如图1.4所示，刻度盘上有9条刻度线，主要使用的有电阻、10V交流电压、直流电流、交直流电压和三极管放大系数等刻度线（即读数标度尺）。

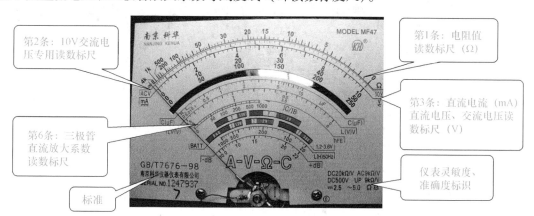

图1.4 MF47型万用表的刻度盘

第三步 读数。

使用指针式万用表的难度是读数，如图1.5所示指针位置，在不同的测量挡位时，所读出的测量值如表1.2所示。

**小技巧**

读数前应了解：
① 转换开关所在挡位应读哪条刻度线和哪组数。
② 所读刻度线的每一小刻度代表多少。

表 1.2　万用表在不同挡位时的读数（测量值）

| 旋转开关所在挡位 | 指针指示值 | 读　数 | 旋转开关所在挡位 | 指针指示值 | 读　数 |
|---|---|---|---|---|---|
| 0.5V（直流） | （读 0~50）31 | 0.31V | 5mA | （读 0~50）31 | 3.1mA |
| 2.5V（直流） | （读 0~250）155 | 1.55V | 50mA | （读 0~50）31 | 31mA |
| 10V（直流） | （读 0~10）6.2 | 6.2V | 500mA | （读 0~50）31 | 310mA |
| 50V（直流） | （读 0~50）31 | 31V | 5A | （读 0~50）31 | 3.1A |
| 250V（直流） | （读 0~250）155 | 155V | $R \times 1$ | 10 | 10Ω |
| 500V（直流） | （读 0~50）31 | 310V | $R \times 10$ | 10 | 100Ω |
| 10V（交流） | （读 0~10）6.4 | 6.4V | $R \times 100$ | 10 | 1kΩ |
| 250V（交流） | （读 0~250）155 | 155V | $R \times 1k$ | 10 | 10kΩ |
| 0.05mA | （读 0~50）31 | 0.031mA | $R \times 10k$ | 10 | 100kΩ |

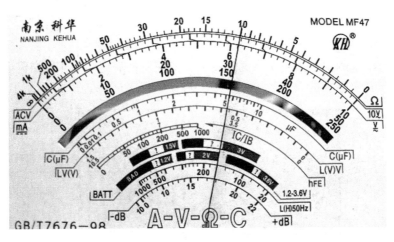

图 1.5　读出指针指示的数据

第四步　指针式万用表测量电量的方法。

（1）准备测量

1）水平放置万用表，检查指针是否在左方"0"处，若不在"0"处，需调节机械调零旋钮。

2）检查红表笔是否插在"＋"孔中，黑表笔是否插在"COM"孔中。

3）检查背面的电池安装是否正确，有无足够电量。

（2）测量

1）正确选择合适的挡位，尽量保证读数准确。在欧姆挡尽量使指针指在距刻度线中心左右 1/3 区域；在电压挡、电流挡时，尽量使指针指在满偏 2/3 区域左右来选择挡位。

2）红、黑表笔正确接于电路中或被测元器件两端，有极性时注意极性。测电阻前必须进行欧姆调零。

3）使指针与反光镜中投影重合，再按第三步介绍的方法读数。

（3）结束工作

转动旋转开关到"OFF"处或交流 500V 挡，并将表笔拔出放置好。

### 2 识别与检测电阻器

第一步 识别电阻器。

发光二极管指示电路中所用电阻器采用 5 条色环表示其标称阻值和误差，如图 1.6 所示。前三条色环"红、黑、黑"分别代表 3 个数字"2、0、0"，第 4 条色环"棕"代表倍率"$\times 10^1$"，第 5 条色环"棕"代表误差"$\pm 1\%$"，因此该电阻器的标称值为 $200 \times 10^1 = 2k\Omega$，误差为 $\pm 1\%$。该电阻器型号为"RJ7 - 0.25"表示为 0.25W 的精密型金属膜电阻器。

电阻器的电路符号如图 1.7 所示。电阻的单位是欧姆（Ω），常用单位还有千欧（kΩ）、兆欧（MΩ），它们之间的换算关系为

$$1M\Omega = 10^3 k\Omega = 10^6 \Omega$$

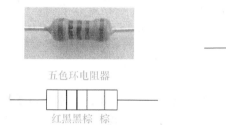

图 1.6 色标法表示电阻器阻值和误差　　图 1.7 电阻器的电路符号

电阻器在电路中主要起降压、限流的作用。

第二步 检测 2kΩ 的电阻器。

1）选择合适的挡位。将万用表挡位选择在 $R \times 100$ 挡。

2）欧姆调零。如图 1.8（a）所示，将红、黑表笔短接，观察指针是否指在"0"处，调节欧姆调零旋钮使指针指在"0"处。

3）测量。如图 1.8（b）所示，一手拿两表笔，一手拿电阻器的一端，两表笔接于电阻器两端（没有正负极性之分），注意不能引入人体电阻，以免影响测量值。

4）读数与记录。如图 1.9 所示，电阻值为指针指示值乘以挡位倍率数。观察指针所指位置，从右向左在第一条刻度线读数，指针指示数据为"20"，则 20 乘以挡位倍率数 100，即

$$20 \times 100 = 2000（\Omega）= 2（k\Omega）$$

### 3 识别与检测发光二极管

第一步 识别发光二极管。

(a) 欧姆调零

(b) 测量电阻

图1.8　测量电阻器的阻值

(a) 旋转开关在R×100挡

(b) 指针指在第一条刻度线的"20"处

图1.9　读电阻测量值为2kΩ

发光二极管简称LED，与普通二极管一样都具有单向导电性。本项目采用的是插件式发光二极管，器件本体直径为5mm，因发光材料为磷砷化镓，因此在正向导通时可发出红色光，从而指示电路中有电流及电流大小。发光二极管外形示意图、电路符号如图1.10所示，一般长脚为正极，短脚为负极。

(a) 发光二极管外形示意图　　　　(b) 发光二极管的符号

图1.10　发光二极管插件式外形和电路符号

发光二极管的正常工作电流为3～10mA，导通压降为1.7～2.5V。因此要使其正常工作，电源电压必须高于1.7V，且需串联一个阻值合适的限流电阻器，防止发光二极管过流损坏。

第二步　检测发光二极管。

（1）测正向电阻

1）选择合适的挡位。将万用表挡位选择在$R×10k$挡（此时万用表内电池电压为10.5V）。

2）欧姆调零。

3）测量正向电阻。将黑表笔接发光二极管的正极（长脚），红表笔接发光二极管负极（短脚）。因为指针式万用表的黑表笔接表内电池正极，红表笔接表内电池负极，因而此时二极管处于正向偏置状态。

4）观察并记录读数，如图 1.11（a）所示。指针指在第一条刻度线的"3"处，乘以挡位倍率数 10k 就为实际测量值，即正向电阻为 30kΩ，还能看到发光二极管发光。

（2）测反向电阻

测量方法同上，只是测量时黑表笔接发光二极管的负极，红表笔接发光二极管正极，如图 1.11（b）所示，其反向电阻很大。

正常的发光二极管正、反向电阻相差很大，且正向测试时会发光；若正反向电阻均为 0Ω 或无穷大，则该发光二极管可能已损坏。

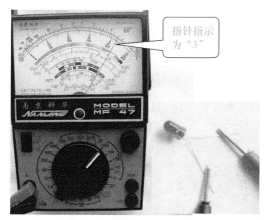

(a) 测量正向电阻          (b) 测量反向电阻

图 1.11 测量发光二极管的正、反向电阻

### 4 测量电池电压

本项目使用 9V 的叠层电池充当电源（也可使用 9V 的直流电源），使用电池前必须使用万用表检测电池两端电压，以保证电路正常工作，检测步骤如下。

第一步 选择合适的挡位。如图 1.12（a）所示，旋转开关置于直流电压 10V 挡，表示测量范围为 0～10V。

第二步 两表笔分别接触电池正负极两端。如图 1.12（b）所示，将万用表红表笔接触电池正极，黑表笔接触电池负极。

第三步 读数并记录。如图 1.12（c）所示，首先观察指针所指位置，对应第三条刻度线（黑色），从左到右地读 0～10 这组数，其每一小刻度为 0.2，读出的数就是实际测量值 9.4V。

## 1.1.2 操作结果与总结

将识别与检测的电阻器、发光二极管、电池的有关数据填入表 1.3 中（每空 1 分，共 20 分）。

指针指示为"9.4"

(a) 旋转开关在10V挡　　(b) 两表笔接触电池两端　　(c) 指针指示在"9.4"位置

图 1.12　指针式万用表检测电池电压

表 1.3　发光二极管指示电路中元器件识别与检测表

| 元器件名称 | 识别情况 | | | | 检测情况 | |
| --- | --- | --- | --- | --- | --- | --- |
| | 代号 | 规格 | 电路符号 | 外形示意图 | 万用表挡位 | 检测值 |
| 电阻器 | | | | (色环颜色) | | |
| 发光二极管 | | | | | | 正向电阻: |
| | | | | | | 反向电阻: |
| 电池 | | | | | | |

## 任务 1.2　搭接发光二极管指示电路

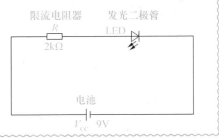

**任务描述:**

　　将电阻器和发光二极管按右图所示关系搭接在面包板上,并将9V叠层电池通过电池扣和鳄鱼夹正确连接在电路中,使发光二极管发光。

限流电阻器　　发光二极管
$R$　　LED
2kΩ

电池
$V_{cc}$　9V

### 1.2.1　实践操作:搭接电路和电路功能调试

器材准备　搭接发光二极管指示电路需准备表 1.1 所示器材和 SYB-120 面包板 1 块。

　　图 1.13 所示为 SYB-120 面包板,最上面一排从左向右靠近的 15 个孔相通,中间靠近的 20 个孔相通,右边靠近的 15 个孔相通,一般作为电源正极连接用;最下面一排与最上面一排相同,一般作为电源负极连接用。中间两大排相互隔开,每列 5 个孔相通,各列隔开,一般插装元器件。其实打开面包板背面就会一目了然,只需将元器件插入小孔内,就可以完成电路的连接,实现电路功能十分方便。

　1　搭接电路

第一步　观察面包板的结构和特点,思考面包板上哪些孔相通,哪些孔不相通,以便

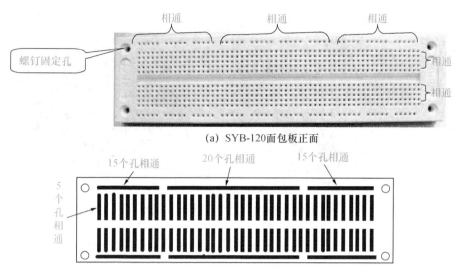

(a) SYB-120面包板正面

(b) SYB-120面包板结构示意图

图 1.13　SYB-120 面包板

成功搭接电路；还要考虑如何摆放元器件，要便于后面的电路检测工作。

第二步　依据原理图的关系，在面包板相应孔内以串联的方式连接 2kΩ 电阻器和发光二极管，连接示意图如图 1.14 所示。

第三步　检查无误后，电池扣扣上电池，两鳄鱼夹分别接于电路两端，观察发光二极管是否发光。然后再交换两鳄鱼夹连接电路，观察发光二极管是否发光，如图 1.15 所示。

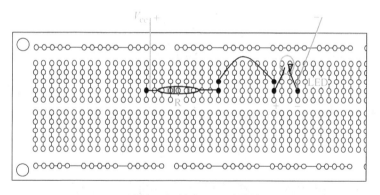

图 1.14　发光二极管指示电路搭接示意图

## 2　电路功能调试

2kΩ 电阻器与发光二极管在面包板上搭接正确后，只要发光二极管的正极接电源高电位，负极接电源低电位，发光二极管即可导通发光。

若发光二极管不发光，则可能由以下几种原因造成。

1）电源电压接反，使发光二极管处于反偏截止状态。

2）发光二极管两引脚被面包板的两孔短接在一起，或电路有断开处。

3）电源电压过低，若电压值在 1.5V 以下，不能使发光二极管导通发光。

4）电池扣及鳄鱼夹线路断开。

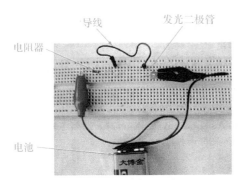
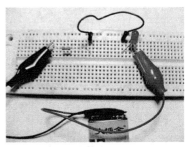

(a) 发光二极管正向偏置时发光　　　　　　(b) 发光二极管反向偏置时不发光

图 1.15　搭接的发光二极管指示电路

特别注意：切不可将 9V 电压直接接在发光二极管两端。接通电源时，若观察到发光二极管红光反白应立即断开电源，这是过电流造成的现象。

### 1.2.2　操作结果与总结

检查搭接的电路并回答以下两个问题（搭接电路成功得 10 分，下面每个问题各 10 分，合计30分）。

1）搭接的电路接通电源后有什么现象？发光二极管具有单向导电性吗？

2）发光二极管可以直接接在9V电池两端吗？为什么？

## 任务 1.3　检测发光二极管指示电路

**任务描述：**

使用万用表的直流电压挡、直流电流挡检测搭接电路中的电阻器、发光二极管两端的工作电压及回路电流，将检测数据填入表1.4中。

### 1.3.1　实践操作：检测发光二极管指示电路的电压和电流

**器材准备**　任务 1.2 搭接成功的电路和 MF47 型万用表 1 只。

> **1**　测量电阻器两端直流电压

第一步　选择合适的挡位。将万用表的旋转开关置于直流电压 10V 挡，表示测量范围为 0～10V，如图 1.16（a）所示。

第二步　两表笔并接电阻两端。接通电源使发光二极管发光，将万用表两表笔分别接于电阻器两端，红表笔接高电位，黑表笔接低电位，如图 1.16（b）所示。

第三步　读数并记录。对应第三条刻度线（黑色），从左到右地读 0～10 这一组数（刻度 50 等分），每一小刻度为 0.2，指针指示数为"7.4"，实际测量值就为 7.4V，如图 1.16（c）所示。

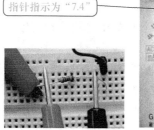

(a) 旋转开关置10V挡　　　(b) 两表笔接触电阻器两端　　　(c) 指针指示在"7.4"位置

图1.16　测量电阻器两端直流电压步骤图

**2　测量发光二极管两端电压**

第一步　选择合适挡位。旋转开关在2.5V挡表示指针向右偏满时为2.5V，如图1.17（a）所示。

第二步　两表笔分别接发光二极管两端。红表笔接二极管正极，黑表笔接二极管负极，如图1.17（b）所示。

第三步　读数并记录。对应第三条刻度线（黑色），从左到右读0～250这一组数，每一小刻度为5，指针指示数为"190"，除以100得1.9V，即为实际测量值，如图1.17（c）所示。

(a) 旋转开关置2.5V挡　　　(b) 两表笔分别接触　　　(c) 指针指示在"190"位置
　　　　　　　　　　　发光二极管两端

图1.17　测量发光二极管两端直流电压步骤图

操作要领　先选好挡位量程，两表笔分别接电路两端，红表笔接高电位，黑表笔接低电位，换挡之前请断电。

**3　测量电池两端直流电压**

电路在工作状态下，万用表两表笔分别接于电池电源两端，测量方法同上，记录测量数据。

想一想：万用表应在什么挡位？如何测量？如何读数？

4 测量直流电流

第一步 选择合适挡位。旋转开关置于直流电流 5mA 挡，表示指针偏满为 5mA，如图 1.18（a）所示。

第二步 两表笔串联于电路中。去掉导线切断电路，将万用表两表笔串联接于电路中，红表笔接高电位端，黑表笔接低电位端，如图 1.18（b）所示。

第三步 读数与记录。接通电路使发光二极管发光，读 0～50 这组数时，每一小刻度为 1，指示值为 "36.5"，除以 10 即为实际测量值 3.65mA，如图 1.18（c）所示。

 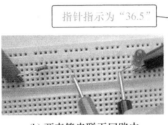 

指针指示为 "36.5"

(a) 旋转开关置5mA挡　　(b) 两表笔串联于回路中　　(c) 指针指示在 "36.5" 位置

图 1.18　测量发光二极管指示电路直流电流步骤图

操作要领 量程开关拨电流，表笔串接电路中，正负极性要正确，挡位由大换到小，换好挡后再测量。

## 1.3.2　操作结果与总结

通过操作，将检测电路的数据填入表 1.4 中，并回答下面 3 个问题（表中每空 1 分，前 2 个问题各 8 分，第 3 个问题 7 分，共 35 分）。

表 1.4　检测发光二极管指示电路的电压和电流

| 测量项目 | | 万用表挡位 | 所读组数 | 指针指示数据 | 实际检测值 |
|---|---|---|---|---|---|
| 电压 | 2kΩ 电阻器端电压 | | 0～10 | | |
| | 发光二极管端电压 | | 0～250 | | |
| | 电源端电压 | | 0～10 | | |
| 电流 | 电路中电流 | | 0～50 | | |

1）通过测量观察，电源端电压等于电阻端电压与二极管端电压之和吗？

2）在电路中，电流等于电阻器端电压除以电阻值吗？

3）若电源电压为 9V，为保证发光二极管正常工作，电阻器的阻值取值范围是多少才合适？

## 知识链接：电阻器阻值的标示、发光二极管和电阻器

1 色环标示与数码标示的电阻值

在实际应用中，插件式电阻器多以色环标示法表示其标称值和误差；贴片电阻器多用

数码法表示其标称值。

（1）色环标示法

1）首先确定色环电阻器第一环，第一环一般具有如下特征，如图1.19所示。

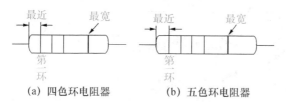

(a) 四色环电阻器　　　(b) 五色环电阻器

图1.19　第一环的确定

① 离引线出头最近的色环一般为第一环。

② 误差环一般较宽些，且与其余几环距离相对较远。

③ 金色环、银色环不能为数字环，只能为倍乘数环或误差环。

④ 靠近引线的一环为黑色或橙色或黄色，一定是第一环，不是最后一环。

也可通过万用表测量后，由电阻器阻值系列及以上特点综合考虑判断其标称值。

2）色环电阻器阻值的读法。色环电阻器上各颜色所代表的含义如表1.5所示。

**表1.5　色环电阻器的各色环表示的含义**

| 颜色 | 黑 | 棕 | 红 | 橙 | 黄 | 绿 | 蓝 | 紫 | 灰 | 白 | 金 | 银 | 无色 |
|---|---|---|---|---|---|---|---|---|---|---|---|---|---|
| 代表数字 | 0 | 1 | 2 | 3 | 4 | 5 | 6 | 7 | 8 | 9 | / | / | / |
| 代表倍乘数 | $10^0$ | $10^1$ | $10^2$ | $10^3$ | $10^4$ | $10^5$ | $10^6$ | $10^7$ | $10^8$ | $10^9$ | $10^{-1}$ | $10^{-2}$ | / |
| 代表误差 | / | ±1% | ±2% | / | / | ±0.5% | 0.25% | ±0.1% | / | / | ±5% | ±10% | ±20% |

四色环电阻器：用4条色环表示电阻器标称值及误差，其中前三条色环表示阻值，最后一条表示误差（通常为金色或银色）。

五色环电阻器：精密电阻器用5条色环表示电阻值及误差，其中前四条表示阻值，最后一条表示误差（精密电阻器还有用6条色环表示其阻值及误差的）。

它们的共同特点是：最后一环表示误差，倒数第二环表示倍乘数（即添多少个0）。

四色环电阻器阻值＝第一、二色环数值组成的两位数×第三环的倍乘数（$10^n$）Ω

五色环电阻器阻值＝第一、二、三色环数值组成的三位数×第四环的倍乘数（$10^n$）Ω

例如，"红、紫、黑、金"表示27Ω，误差为±5%，"黄、黄、银、棕"表示0.44Ω，误差为±1%，"蓝、灰、黑、橙、棕"表示680kΩ，误差为±1%。

（2）数码法

数码法是在产品上用3位数字表示元件标称值的方法。其中，前两位表示实际数字，第三位表示倍乘数（即0的个数），单位为欧姆。其误差多用字母表示，如表1.6所示。

**表1.6　字母表示误差**

| 字母 | B | C | D | F | G | J | K | M |
|---|---|---|---|---|---|---|---|---|
| 误差 | ±0.1% | ±0.25% | ±0.5% | ±1% | ±2% | ±5% | ±10% | ±20% |

例如，标注"154J"，则第一位数字为"1"，第二位数字为"5"，第三位数字代表倍率 $10^4$，则该电阻器阻值为 $15 \times 10^4 = 150$（k$\Omega$），误差为 $\pm 5\%$。

又如图 1.20 中贴片电阻器阻值为多少？

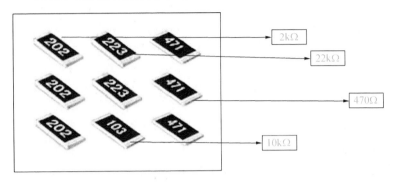

图 1.20　识别贴片电阻器阻值

数码标示法还应用在电位器、电容器标称值的标示上，表 1.6 同样应用在电位器和电容器中。

### 2　发光二极管

发光二极管常作为仪器仪表、家用电器的指示灯，或者用于组成文字或数字显示。

发光二极管是半导体二极管的一种，它可以把电能转化成光能，常简写为 LED。其发光材料由镓（Ga）、砷（AS）、磷（P）等化合物制成，当电子与空穴复合时能辐射出可见光，制成各种发光二极管。当发光二极管加上合适的正向电流时，不同的发光二极管便可发出不同颜色的光（激光二极管也是发光二极管的一种），发光颜色与发光二极管的材料有关，发光强度与正向电流成正比。磷砷化镓二极管发红光，磷化镓二极管发绿光，碳化硅二极管发黄光。

发光二极管种类很多，按光谱分为可见光发光二极管和不可见光发光二极管；按显示颜色多少可分为单色发光二极管、双色发光二极管和三色发光二极管，常见单色发光二极管又有红、绿、黄、蓝等颜色；按外形可分为圆形、方形、扁平、数码管型等发光二极管；按封装形式可分为插件式发光二极管和贴片式发光二极管。另外，还有普通发光二极管和高亮度发光二极管，现在还有 LED 显示屏、LED 照明灯等。因为发光二极管十分省电，节能的 LED 灯替换白炽灯的趋势已十分明显。

不管哪种发光二极管，都具有单向导电性。当正向偏置电压达到发光二极管导通压降时，发光二极管便导通发光，当反向偏置时，则截止不发光。工作电流是其重要的参数，若工作电流太小，则发光二极管不亮，太大则容易损坏发光二极管。发光二极管要正常工作，还必须串联一个阻值合适的限流电阻器。普通发光二极管的正常工作电流为 3 ~ 10mA，最大工作电流不得超过 50mA，导通压降为 1.7 ~ 2.5V。超高亮度发光二极管的导通电压有所提高，但应注意不能让发光二极管的亮度太高，否则易损坏发光二极管。

发光二极管的好坏可通过指针式万用表的 $R \times 10k$ 挡或数字式万用表的二极管检测挡来判断，也可通过串联一个阻值合适的电阻器接在高于 1.7V 电源两端，查看其是否发光来判断其质量。

### 3 电阻器

电子电路中使用率最高的一种耗能元件就是电阻器。电阻器主要用来降低、分配电压或限制、分配电流。

（1）电阻器的分类、型号和命名方法

电阻器可分为固定电阻器、可变电阻器和特种电阻器三大类。几种固定电阻器的外形、结构与特点如表1.7所示。

表1.7 几种固定电阻器的外形结构与特点

| 名称 | 碳膜电阻器（RT） | 金属膜电阻器（RJ） | 线绕电阻器（RX） | 金属氧化膜电阻器（RY） | 水泥电阻器 | 片状电阻器（RL） | 集成电阻器（B-YW） |
|---|---|---|---|---|---|---|---|
| 外形 | | | | | | | |
| 结构 | 陶瓷管架上沉积碳氢化合物，通过厚度和刻槽控制阻值，表面涂有保护漆 | 陶瓷管架上用真空蒸发或烧渗法形成金属膜（镍铬合金），表面涂有保护漆 | 康铜、锰铜或镍铬合金丝绕在陶瓷管架上，表面涂有保护漆或玻璃釉 | 金属盐溶液在陶瓷管架上水解沉积成膜而成 | 用不燃性耐热水泥填充密封而成的电阻器 | 采用高稳定金属膜在陶瓷基体上蒸发制成 | 采用高稳定金属膜在陶瓷基体上蒸发而成的电阻网络 |
| 特点 | 稳定，电压频变化影响小，负温度系数，价格低廉 | 耐热，稳定性和温度系数、精度都优于碳膜电阻器 | 低噪声，高线性度，温度系数小，工作温度高 | 抗氧化性好，耐高温，高温下热稳定性优于金属膜电阻器 | 具有较高功率、散热性好、稳定性高等特点 | 体积小、高精度、高稳定性、高频特性好 | 高精度、高稳定性、低噪声、温度系数小，高频特性好 |

电阻器的字母符号用 $R$ 表示。根据国家标准 GB/T 2470—1995《电子设备用固定电阻器、固定电容器型号命名方法》规定，电阻器、电位器的型号一般由4部分组成。

电阻器和电位器的命名方法如表1.8所示。

例如，RJ72—R表示电阻器（主称），J表示金属膜（材料），7表示精密型（分类），2表示生产序号，整个符号表示精密型金属膜电阻器。又如，RTX—R表示电阻器，其中T表示碳膜，X表示小型电阻器。

表1.8  电阻器和电位器的命名方法

| 第一部分 | | 第二部分 | | | | 第三部分 | | | | 第四部分 |
|---|---|---|---|---|---|---|---|---|---|---|
| 用字母表示主称 | | 用字母表示电阻体材料 | | | | 用数字或字母表示分类 | | | | 用数字表示序号 |
| 符号 | 意义 | 符号 | 意义 | 符号 | 意义 | 符号 | 意义 | 符号 | 意义 | |
| R | 电阻器 | T | 碳膜 | Y | 氧化膜 | 1 | 普通型 | G | 功率型 | 用一位数字或无数字表示 |
| W | 电位器 | J | 金属膜 | S | 有机实芯 | 2 | 普通型 | | | |
| M | 敏感电阻 | H | 合成膜 | X | 线绕 | 3 | 超高频 | | | |
| | | U | 碳膜 | N | 无机实芯 | 4 | 高阻型 | | | |
| | | I | 玻璃釉膜 | | | 5 | 高温型 | | | |
| | | | | | | 7 | 精密型 | | | |
| | | | | | | 8 | 高压型 | | | |
| | | | | | | 9 | 特殊型 | | | |

（2）电阻器的主要参数

普通电阻器最常用的参数是标称阻值、允许偏差和额定功率。

1）电阻器的标称阻值系列。每个电阻器都是按系列生产的，有一个标称阻值，例如 E6、E12、E24 系列等，如表1.9所示。每个电阻器阻值应按下面所列数值的 $10^n$ 倍生产，其中 $n$ 为整数，实际阻值应在允许误差范围内。对要求偏差极小的电阻器，可选用 E48、E96、E192 精密型电阻器系列。

表1.9  通用电阻器的标称阻值系列和允许偏差

| 系 列 | 允许偏差 | 电阻器的标称值 |
|---|---|---|
| E24 | Ⅰ级 ±5% | 1.0、1.1、1.2、1.3、1.5、1.6、1.8、2.0、2.2、2.4、2.7、3.0、3.3、3.6、3.9、4.3、4.7、5.1、5.6、6.2、6.8、7.5、8.2、9.1 |
| E12 | Ⅱ级 ±10% | 1.0、1.2、1.5、1.8、2.2、2.7、3.3、3.9、4.7、5.6、6.8、8.2 |
| E6 | Ⅲ级 ±20% | 1.0、1.5、2.2、3.3、4.7、6.8 |

2）标称阻值及允许误差的表示方法。标称阻值和允许误差可用直接标示法、字母符号法、数码法和色环标示法4种中任意一种来表示。

① 直接标示法。在产品表面直接标出，如"$1.2k\Omega \pm 10\%$"。

② 字母符号法。将阻值、允许误差用字母、数字两者有规律地组合起来，如"R33J"表示 $0.33\Omega$，误差为 $\pm 5\%$；"4k7k"表示 $4.7k\Omega$，误差为 $\pm 10\%$；"1R5F"表示 $1.5\Omega$，误差为 $\pm 1\%$。

③ 数码法。用3位数字表示阻值，字母表示误差，此方法称为数码法。

④ 色环标示法。在电阻器表面用不同颜色的环来表示阻值和误差的方法称为色环标示法，简称色标法。

3）电阻器的额定功率。电阻器的额定功率是指在规定的大气压和特定的温度环境条件下，电阻器长期连续工作所能承受的最大功率值。额定功率有从 $0.05 \sim 500W$ 之间数十种规格。选择电阻器时，应按电路整定额定功率的 $1.5 \sim 2$ 倍以上使用。对于由相同材料制成的电阻器，电阻器的实际尺寸大小反映其功率。在电路图中，电阻的额定功率常用一些符号表示。

（3）几种特殊电阻器

1）保险丝电阻器。保险丝电阻器又称为熔断电阻器，在正常情况下起到电阻和熔断器的双重作用，当电路出现故障而使其功率超过额定功率时，它会像熔断器一样熔断，从而使连接电路断开。保险丝电阻器一般阻值都较小（0.33Ω～10kΩ），功率也较小。保险丝电阻器的常见型号有 RF10 型、RF11 型、RRD0910 型和 RRD0911 型等，常见保险丝电阻器的外形和电路符号如图 1.21 所示。

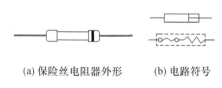

(a) 保险丝电阻器外形　　(b) 电路符号

图 1.21　保险丝电阻器的外形和电路符号

2）敏感电阻器。敏感电阻器就是其阻值对于某些物理量（如温度、光照、电压等）特别敏感。当这些物理量发生变化时，敏感电阻器的阻值就会随之变化。敏感电阻器可分为热敏、光敏、压敏等敏感电阻器，其所用材料几乎都是半导体，敏感电阻器在当今物联网时代应用广泛。几种敏感电阻器的外形和电路符号如图 1.22 所示。

(a) 外形

(b) 光敏电阻器电路符号

(c) 热敏电阻器电路符号

(d) 压敏电阻器电路符号

图 1.22　敏感电阻器的外形和电路符号

（4）贴片电阻器

日常生活中的移动电话、计算机、MP4 等数码产品上广泛使用了贴片电阻器，在现代微电子工业上它将逐渐取代原有插件式电阻器，从而使电子产品体积减小、重量减轻、成本降低。贴片电阻器的外形如图 1.23 所示。

1）贴片电阻有两种尺寸表示方法。一种是公制表示，单位为毫米（mm）；如"1005"表示长 1.0mm 宽 0.5mm，如图所示；另一种是英制表示，单位为英寸（in，1in ≈2.54cm），如"0402"就是指英制代码。贴片电阻器封装英制和公制的关系及详细尺寸如表 1.10 所示。

2）贴片电阻器阻值。常用三位或四位数码法标示，举例如下：

三位数码法：如"222"表示 $22 \times 10^2 \Omega = 2.2k\Omega$。

四位数码法：前三位是实际数字，第四位是倍率，如"1532"表示 $153 \times 10^2 \Omega = 15.3k\Omega$。

图 1.23　贴片电阻器外形

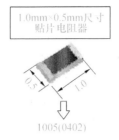

图 1.24　贴片电阻器的尺寸

表 1.10　贴片电阻器封装英制和公制的关系及详细的尺寸

| 公制 | 英制 | 尺寸 | | | 公制 | 英制 | 尺寸 | | |
|---|---|---|---|---|---|---|---|---|---|
| | | 长/mm | 宽/mm | 高/mm | | | 长/mm | 宽/mm | 高/mm |
| 0603 | 0201 | $0.60 \pm 0.05$ | $0.30 \pm 0.05$ | $0.23 \pm 0.05$ | 3225 | 1210 | $3.20 \pm 0.20$ | $2.50 \pm 0.20$ | $0.55 \pm 0.10$ |
| 1005 | 0402 | $1.00 \pm 0.10$ | $0.50 \pm 0.10$ | $0.30 \pm 0.10$ | 4532 | 1812 | $4.50 \pm 0.20$ | $3.20 \pm 0.20$ | $0.55 \pm 0.10$ |
| 1608 | 0603 | $1.60 \pm 0.15$ | $0.80 \pm 0.15$ | $0.40 \pm 0.10$ | 5025 | 2010 | $5.00 \pm 0.20$ | $2.50 \pm 0.20$ | $0.55 \pm 0.10$ |
| 2012 | 0805 | $2.00 \pm 0.20$ | $1.25 \pm 0.15$ | $0.50 \pm 0.10$ | 6432 | 2512 | $6.40 \pm 0.20$ | $3.20 \pm 0.20$ | $0.55 \pm 0.10$ |
| 3216 | 1206 | $3.20 \pm 0.20$ | $1.60 \pm 0.15$ | $0.55 \pm 0.10$ | | | | | |

也可以用两位数字加一个字母表示，前面两位数字为代码，后面的字母表示倍率，单位为欧姆（$\Omega$），如"02C"为 $102 \times 10^2 \Omega = 10.2 \text{k}\Omega$，"27E"为 $187 \times 10^4 \Omega = 1.87 \text{M}\Omega$。具体意义可查阅相关资料。

**知识拓展：** **认识与使用数字式万用表**

数字式万用表与指针式万用表各有优缺点。数字式万用表读数直观、准确度高、功能强大、重量轻、可以防振动，但耗电量大，显示数据的响应速度比指针式万用表慢，观察数据的变化过程比指针式万用表差，测量小电压、小电流时容易受到外界干扰。

**1　认识 DT9205 型数字式万用表的面板及插孔**

图 1.25 所示为 DT9205 型数字式万用表的液晶显示屏，因其最大数据只能显示"1999"，故称为 3 位半显示。测量的数据直接显示在显示屏上，十分直观。

图 1.25　液晶显示屏

图 1.26 所示为 DT9205 型数字式万用表的各种输入插孔，有电容量测量输入插孔、晶体管直流放大系数测量输入插孔、200mA～10A 电流测量红表笔单独插孔、0～200mA 电流测量红表笔单独插孔、电阻/电压测量红表笔单独插孔及黑表笔公共插孔。

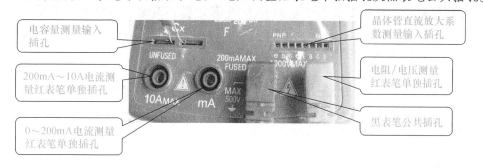

图 1.26　DT9205 型数字式万用表输入插孔

图 1.27 所示为 DT9205 型数字式万用表面板上各量程说明及开关功能。

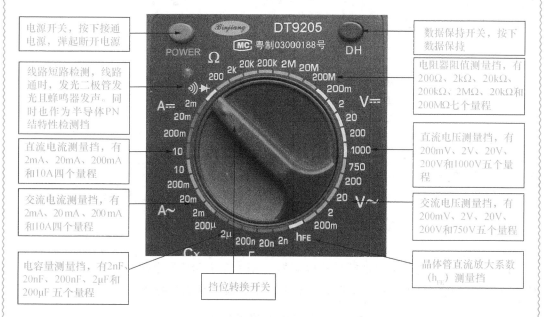

图 1.27　DT9205 型数字式万用表面板说明

### 2　使用 DT9205 型数字式万用表测量电量

（1）测量准备

1）按下电源开关，查看显示屏是否有 ⊔ 符号显示，有则表示电池容量不足，需更换 9V 的叠层电池。数据保持开关 DH 应处于弹起状态。

2）检查红表笔与黑表笔导线是否良好。

3）明确测量的是电压、电流还是电阻或其他参数。黑表笔都插入 com 插孔中，红表笔插孔有所不同。

（2）测量步骤

1）明确被测电量，将旋转开关置于适当的挡位，红、黑表笔必须牢固地插入对应插孔中。

2）将红、黑表笔正确接于电路中或被测元器件两端。方法与指针式万用表相同。

3）直接从显示屏读出数值。

（3）结束工作

1）挡位置于 OFF 位或断开电源开关。

2）拔出表笔并放好，注意保护好显示屏。

3）长期不使用时，应取出表中电池。

## 项目实训评价：搭接发光二极管指示电路操作综合能力评价

| 评定内容 | 配分 | 评定标准 | | 小组评分 | 教师评分 |
|---|---|---|---|---|---|
| 任务 1.1 | 20 | 表 1.3 中，错 1 空扣 1 分 | 完成时间 | | |
| 任务 1.2 | 30 | 1）电路搭接不成功，扣 10 分；<br>2）回答问题基本正确，扣 5 ~ 10 分 | 完成时间 | | |
| 任务 1.3 | 35 | 1）表 1.4 中，错 1 空扣 1 分；<br>2）回答问题基本正确，扣 3 ~ 7 分 | 完成时间 | | |
| 安全文明操作 | 5 | 1）工作台不整洁，扣 1 ~ 2 分；<br>2）违反安全文明操作规程，扣 1 ~ 5 分 | | | |
| 表现、态度 | 10 | 好，得 10 分；较好，得 7 分；一般，得 4 分；差，得 0 分 | | | |
| 总得分 | | | | | |

做一做

1. 每位同学对老师提供的插件式电阻器（至少 3 个四色环电阻，8 个五色环电阻）和贴片电阻器（至少 3 个贴片电阻器）进行识别和检测，将有关数据记录于表 1.11 中。

表 1.11　电阻器的识别与检测训练表

| 编号 | 四环颜色 | 标称值 | 允许误差 | 万用表挡位 | 检测值 | 编号 | 五环颜色 | 标称值 | 允许误差 | 万用表挡位 | 检测值 |
|---|---|---|---|---|---|---|---|---|---|---|---|
| 例 | 红黑红金 | 2kΩ | ±5% | $R \times 100$ | 1.95kΩ | 6 | 红黑黑棕棕 | 2kΩ | ±1% | $R \times 100$ | 1.99kΩ |
| 1 | | | | | | 7 | | | | | |
| 2 | | | | | | 8 | | | | | |
| 3 | | | | | | 9 | | | | | |
| 贴片 | 数码标数 | 标称值 | / | 万用表挡位 | 检测值 | 10 | | | | | |
| 4 | | | | | | 11 | | | | | |
| 5 | | | | | | 12 | | | | | |
| 6 | | | | | | 13 | | | | | |

2. 使用 DT9205 型数字式万用表完成任务 1.1 和任务 1.3 中的检测工作，并将检测数据填入表 1.12 中。

表 1.12　数字万用表检测任务 1.1 和任务 1.3 中的数据

| 测量项目 | | 数字万用表挡位 | 数字万用表显示值 | 实际检测值 |
|---|---|---|---|---|
| (任务 1.1) 电阻/压降 | 2kΩ 色环电阻值 | | | |
| | 发光二极管正向压降 | | | |
| | 发光二极管反向压降 | | | |
| (任务 1.3) 电压 | 2kΩ 电阻器端电压 | | | |
| | 发光二极管端电压 | | | |
| | 电源端电压 | | | |
| (任务 1.3) 电流 | 电路中电流 | | | |

———————————— 想一想 ————————————

1. 在实际生活中，发光二极管指示电路应用于哪些地方或电器产品上？

2. 发光二极管串联一个 100kΩ 电阻，可以直接并联在 220V 市电两端作为来电指示吗？

3. 如何用指针式万用表判断发光二极管的质量以及正负极？

4. 下列电阻器采用了什么标示方法，说出其标称阻值和误差。

103k　　4R7 ±5%　　223J　　204　　3k9J　　68Ω ±1%

# 项目 2
# 搭接电位器调光电路

电位器、开关是常用的元件，本项目通过在面包板上搭接一个电位器调光电路来认识、检测电位器和开关，并使用万用表检测电路的工作情况，理解电路工作原理。电位器调光电路原理图如图 2.1 所示。

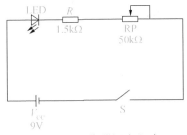

图 2.1　电位器调光电路

该电路是在发光二极管指示电路的基础上增加了电位器与开关。开关 S 起控制电路通断的作用，电位器 RP 用于改变回路的电流，从而改变流过发光二极管的电流，实现调光目的。

## 任务 2.1 识别与检测电位器调光电路的元器件

**任务描述：**

如图所示，电位器调光电路用到电池、电阻器、发光二极管、开关和电位器。本任务主要进行电位器和自锁开关的识别与检测，任务完成后，将所有元器件的识别与检测情况填入表2.1中。

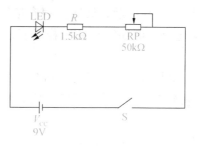

### 2.1.1　实践操作：识别与检测电位器和自锁开关

**器材准备**　1.5kΩ 1/4W 电阻器1只，红色 φ5 发光二极管1只，50kΩ 带滑动触点的电位器1只，自锁按钮开关1只或拨动开关1只，9V 叠层电池1节；MF47 型万用表1只。

**1　识别与检测电位器**

**第一步　识别电位器。**

电位器因可调电阻器用于调节电路中的电位而得名。本项目所用电位器的实物外形如图 2.2（a）所示，型号是 WHG–50K 型，即最大标称阻值为 50kΩ 的合成膜可调电位器。其内部结构如图 2.2（b）所示，有 3 个输出端：两个固定端（1 与 3）和一个滑动端（2）。电位器主要由电阻体和可移动的电刷组成，当电刷沿电阻体滑动时，在输出端（1 与 2 或 2 与 3 之间）可获得与位移量成一定关系的电阻值。电位器的电路符号如图 2.2（c）所示，用 RP 表示。

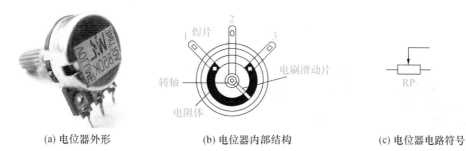

(a) 电位器外形　　　　　(b) 电位器内部结构　　　　　(c) 电位器电路符号

图2.2　电位器外形、内部结构与电路符号

电位器主要用于调节电压和电流的大小，当把电位器的滑动端与一个固定端短接当作二端元件使用时，常称之为可变电阻器。

**第二步　检测电位器。**

1）检查电位器引脚是否锈蚀，转动电位器滑动端是否灵活、平稳、无异常声响。

2）使用万用表的欧姆挡测量电位器的固定阻值，如图 2.3（a）所示。

测量电位器的固定阻值（最大标称值）。选择合适的挡位，将万用表旋转开关置于 $R \times 10k$ 挡；欧姆调零；测量阻值，两表笔分别接于电位器的两固定端（1 与 3 之间），如图 2.3（a）所示；读数。观察指针所指位置，在第一条刻度线上指针指示值乘以 10k 即为电位器实际固定阻值。若阻值为无限大或零，或与标称相差较大，都说明电位器已损坏。

3）测量电位器阻值变化情况。固定阻值正常后，将万用表的一只表笔接电位器滑动端（引脚 2），另一只表笔接电位器的任一固定端，缓慢旋动轴柄，观察表针是否平稳变化，如图 2.3（b）所示。

当沿顺时针方向或逆时针方向旋到底时，阻值应从零欧逐渐变化到标称值（或相反），并且无跳变或抖动等现象，说明电位器正常。若在旋转的过程中有跳变或抖动现象，说明电位器接触不良，不能使用。

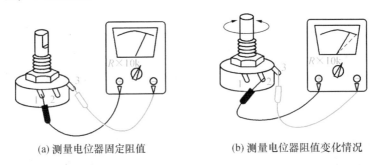

(a) 测量电位器固定阻值        (b) 测量电位器阻值变化情况

图 2.3    检测电位器的固定阻值和可变阻值

**2    识别与检测自锁开关**

第一步    识别自锁开关。

本项目使用的开关是自锁开关，其实物外形与内部结构、电路符号如图 2.4 所示。

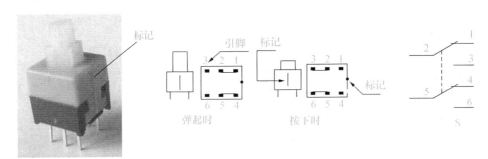

(a) 自锁开关外形        (b) 自锁开关内部结构        (c) 自锁开关电路符号和文字符号

图 2.4    电位器外形、结构与电路符号

该开关有 6 个引脚，实质为双刀双掷开关。按钮弹起时，引脚 2 与引脚 1 闭合，与引脚 3 断开；引脚 5 与引脚 4 闭合，与引脚 6 断开。按钮按下时，引脚 2 与引脚 1 断开，与引脚 3 闭合；引脚 5 与引脚 4 断开，与引脚 6 闭合。本项目使用引脚 2 与引脚 3 或引脚 5 与引脚 6 作为一个常用开关使用。

**第二步 检测自锁开关。**

1）选择合适的挡位。将万用表旋转开关置于 $R \times 1$ 挡。

2）欧姆调零。

3）测量按钮弹起时各引脚状态。自锁开关按钮在弹起位置时，两表笔分别测量两组开关的开闭情况，图2.5（a）所示为引脚4、5导通。

4）测量按钮按下时各引脚状态。自锁开关按钮在按下位置时，两表笔分别测量两组开关的开闭情况，图2.5（b）所示为引脚4、5断开。

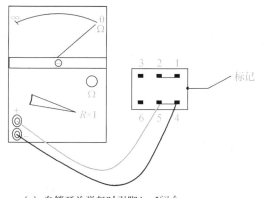

（a）自锁开关弹起时引脚4、5闭合      （b）自锁开关按下时引脚4、5断开

图2.5 检测自锁开关引脚通断情况

## 2.1.2 操作结果与总结

将认识与检测电位器调光电路中元器件的有关数据填入表2.1中（每空1分，共20分）。

表2.1 认识与检测电位器调光电路的元器件

| 代号 | 元件名称 | 规格 | 外形示意图（有极性需标示） | 检测 | |
|------|---------|------|------------------------|------|------|
| | | | | 表挡位 | 测量结果 |
| $R$ | | 1.5kΩ | （色环） | | 实测阻值： |
| LED | | φ5 红 | | | 正向阻值：<br>反向阻值： |
| $V_{CC}$ | | 9V | | | 实测电压值： |
| RP | | 50kΩ | | | 固定阻值：<br>阻值变化情况： |
| S | | 8mm | | | 弹起时导通的引脚：<br>按下时导通的引脚： |

## 任务 2.2 搭接电位器调光电路

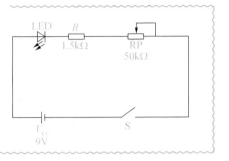

**任务描述：**

将电阻器、发光二极管、电位器、开关按图示关系搭接在面包板上，接通电源后通过开关能控制电路的通断，调节 RP 时发光二极管的亮度发生变化。

### 2.2.1 实践操作：搭接电路和电路功能调试

**器材准备** 表 2.1 所示的元器件、有鳄鱼夹的电池扣 1 套、SYB – 120 型面包板 1 块、MF47 型万用表 1 只。

**1 搭接电路**

第一步 观察面包板结构，分析如何布局便于后面测试。

第二步 依据电位器调光电路原理图关系连接电路，其连接关系示意图如图 2.6 所示。可见，所有元器件都是串联。注意发光二极管的极性，电位器只用到中间滑动端和一个固定端，自锁开关也只用到两个引脚。

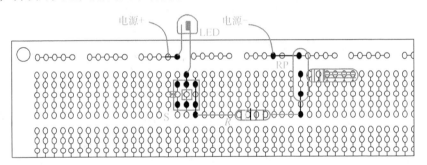

图 2.6 电位器调光电路连接示意图

第三步 在面包板上搭接电路，搭接后的电路如图 2.7 所示。

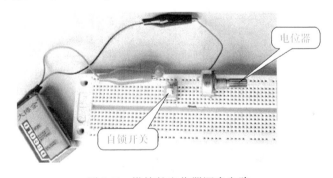

图 2.7 搭接的电位器调光电路

第四步 检查电路，观察正确接通电源后，按下或弹起开关 S 会有什么现象；发光二极管发光时调节 RP，又会看到什么现象；交换两个鳄鱼夹后连接电路，会产生什么后果。

**2 电路功能调试**

电位器调光电路实现的功能是：接通电源，发光二极管还不能发光；接下来当按下开关按钮后，发光二极管才能发光，此时调节电位器，发现发光二极管亮度会随之发生变化。

电路搭接后，可能会出现开关不能控制，发光二极管不能发光、亮度不能调节等故障现象，可采用观察法、重新连接或检测元器件等方法进行检修，常见故障及可能原因如表2.2所示。

**表2.2 电位器调光电路的常见故障及可能原因**

| 故障现象 | 可能原因 |
|---|---|
| 开关不能控制 | 1）开关 S 没有连接到电路中；<br>2）引脚接触不良 |
| 发光二极管不发光 | 1）整个电路可能有未接通之处，引脚连线接触不良；<br>2）发光二极管极性接反；<br>3）开关没有正确连接等 |
| 调节电位器时发光二极管亮度不变 | 电位器没有起作用，连接到两固定端子 |

## 2.2.2 操作结果与总结

检查搭接的电路并回答以下两个问题（电路搭接成功得 10 分，下面每个问题各 10 分，合计30分）。

1）搭接的电路接通电源后有什么现象？为什么在调节 RP 时发光二极管亮度会变化？

2）在电位器调光电路中开关起什么作用？

## 任务 2.3 检测电位器调光电路

**任务描述：**

使用指针式或数字式万用表检测电位器调光电路中的电阻器、电位器、发光二极管两端的工作电压，以及在调节 RP 时回路电流的变化情况，加深对电路工作原理的理解。

### 2.3.1 实践操作：检测电位器调光电路的电压和电流

器材准备 任务 2.2 搭接成功的电位器调光电路、MF47 式万用表 1 只。

**1 测量元器件两端直流电压**

第一步 按下开关，调节电位器滑动端于中间位置，发光二极管正常发光。

第二步 将万用表转换开关置于合适的直流电压挡，分别测量发光二极管、限流电阻器、电位器、电源两端的电压，如图2.8所示，将测量结果记录于表2.3中。

**注意：** 转换挡位时，表笔应先离开电路，转换好挡位后再测量。

2 测量回路电流

第一步 将电位器与电阻器之间的连接断开，将万用表转换开关置于5mA或0.5mA直流电流挡，两表笔接在断开处，串联于电路中使发光二极管发光，如图2.9所示，记录测量数据，并填入表2.3中。

第二步 调节电位器使发光二极管的亮度达到最亮和最暗，并观察回路电流变化情况，将最大电流和最小电流记录于表2.3中。

图2.8 测量电阻器两端电压　　　　　图2.9 测量回路电流

表2.3 测量电位器调光电路的电压和电流

| 测量项目 | | 万用表挡位 | 指针指示数 | 测量值 |
|---|---|---|---|---|
| 电压 | 电位器滑动端处于中间位置时，LED发光 | 发光二极管两端电压 $U_{LED}$ | | | |
| | | 限流电阻器两端电压 $U_R$ | | | |
| | | 电位器两端电压 $U_{RP}$ | | | |
| | | 电源两端电压 $U$ | | | |
| 电流 | 电位器滑动端处于中间位置时电路电流 | | | | |
| | 电位器阻值最小时电路电流（LED最亮） | | | | |
| | 电位器阻值最大时电路电流（LED最暗） | | | | |
| 发光二极管亮暗与电流大小之间的关系 | | | | |

## 2.3.2 操作结果与总结

通过操作，将检测电路的数据填入表2.3中，并回答下面两个问题（表中每空1分，第1个问题7分，第2个问题6分，共35分）。

1）电源两端电压是否满足 $U = U_{RP} + U_R + U_{LED}$？通过测试解析此公式为何不成立。

2）发光二极管正常发光时的电流范围为多少？

## 知识链接：电位器和开关

### 1　电位器

电位器是具有 3 个输出端，阻值可按某种变化规律调节的电阻元件。电位器通常在电路中用于调节电位，故称为电位器，由电阻体和可移动的电刷组成。当电刷滑动片沿电阻体移动时，在输出端即获得与位移量成一定关系的电阻值。电位器既可作为三端元件使用，也可作为二端元件使用，后者可视为一个可调电阻器。

（1）电位器的电路符号、类型与命名

电位器的符号为 RP，图形符号如图 2.10 所示，单位为欧姆，简称欧（Ω）。

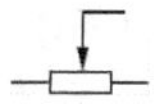

图 2.10　电位器图形符号

电位器主要分为接触式、非接触式和数字式三种。对于接触式的电位器，从形状上可分为圆柱形、长方体形和片式等多种电位器；从结构上可分为直滑式、旋转式、带开关式、带紧锁装置式、多联式和多圈式等多种电位器；按用途可分为普通型、微调型、精密型、功率型和专用型电位器；按材料可分为碳膜、金属膜、合成膜、有机导电体、金属玻璃釉和合金电阻丝等电位器，其中碳膜电位器是较常用的一种；按输出函数特性又可划分为线性电位器（X 型）、对数电位器（D 型）和指数电位器（Z 型）3 种。

常见电位器实物如图 2.11 所示。

微调电阻器没有旋柄，需用工具调节，故微调电阻器用于不常调节的电路中。

电位器的命名方法与电阻器相同，如表 1.8 所示。

（2）电位器的主要性能参数

1）电位器的标称阻值和允许偏差。与电阻器相同，电位器有 E6、E12 系列，固定电阻值（标称值）常采用直接标示法和数码法；电位器的实际最大阻值与标称阻值之间的最大允许偏差就是电位器的阻值精度。

2）电位器的额定功率。电位器额定功率的定义与电阻器的额定功率定义相似，根据国家标准的规定执行。

选择电位器时，除考虑以上两个参数外，还要综合考虑电位器的体积、轴长及轴端形式等。

目前，数字式电位器的应用逐步增多，如在扩音机的音量调节中使用了步进式数字电位器。

（3）检测电位器

检测电位器时，首先看转轴转动是否平滑、开关是否灵活（对带开关的电位器），用万用表的欧姆挡来测量，选择适当量程。

1）用万用表欧姆挡测量电位器的两个固定端，其阻值应为电位器的标称值。

2）测量一个固定端与滑动端之间的电阻，反复慢慢旋转电位器转轴，观察指针是否连续、均匀变化。若检测中万用表指针有断续或跳动现象，则说明电位器存在活动触点接触不良和阻值变化不均的问题。

3）测量各端子与外壳是否绝缘，正常应为无穷大。

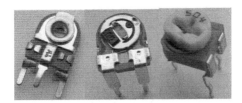 

(a) 微调电位器　　　　　　　　　　　　(b) 精密微调电阻器

(c) 带开关的电位器

 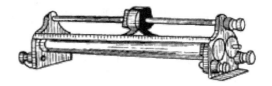

(d) 线绕式电位器

(e) 多联电位器　　　　　　　　　　　　(f) 碳膜电位器

(g) 贴片电位器　　　　　　　　　　　　(h) 直滑式电位器

图 2.11　常见电位器实物

2 开关

（1）开关的种类

开关按驱动方式可分为手动和自动两大类；按应用场合可分为电源开关、控制开关、转换开关和行程开关等；按机械动作的方式可分为旋转式开关、按动式开关和拨动式开关等。开关的主要作用就是接通、断开和转换电路。电子产品中使用的开关有多种类型，最常见的有拨动开关、自锁按钮开关、直键开关、钮子开关、轻触按钮开关、导电橡胶开关、特殊开关、波段开关和薄膜开关，如图2.12所示。

图2.12 电子产品中常用开关

（2）开关的检测

按钮或拨动开关在使用之前，应使用万用表的 $R \times 1$ 挡进行检测，识别其动合端与动断端。

动合端是指开关在常态时其两个端子是断开的，用万用表检测时为"∞"；而在按动或拨动开关时其两个端子是闭合的，用万用表检测时应为"0"。

动断端是指开关在常态时其两个端子是闭合的，用万用表检测时为"0"；而在按动或拨动开关时其两个端子是断开的，用万用表检测时应为"∞"。

知识拓展： "6S" 现场管理

"6S"由日本企业的"5S"扩展而来，是现代工厂行之有效的现场管理理念和方法，其作用是提高效率，保证质量，使工作环境整洁有序，预防为主，保证安全。

"5S"就是整理（Seiri）、整顿（Seiton）、清扫（Seiso）、清洁（Seiketsu）和素养（Shitsuke）五个项目，因日语的拼音均以"S"开头，传到中国后增加了一项"安全

（Security）"——现在就简称"6S"。

1）整理：将工作场所的任何物品区分为有必要和没有必要的，除了有必要的物品留下来，其他的物品都消除掉。

目的：腾出空间，空间活用，防止误用，营造清爽的工作环境。

2）整顿：把留下来的有必要的物品依规定位置摆放，并放置整齐加以标示。

目的：工作场所一目了然，消除寻找物品的时间，整整齐齐的工作环境，消除过多的积压物品。

3）清扫：将工作场所内看得见与看不见的地方清扫干净，保持工作场所干净、整洁的环境。

目的：稳定品质，减少工业伤害。

4）清洁：维持上面"3S"成果。

5）素养：每位成员养成良好的习惯，并遵守规则做事，培养积极主动的精神（也称习惯性）。

目的：培养有好习惯，遵守规则的员工，营造团队精神。

6）安全：重视员工安全教育，每时每刻都有"安全第一"的观念，防患于未然。

目的：建立起安全生产的环境，所有的工作应建立在安全的前提下。

通过"6S现场管理"，将规范现场、物品，营造一目了然的工作环境，培养员工良好的工作习惯，其最终目的是提升人的品质：

1）革除马虎之心，养成凡事认真的习惯（认认真真地对待工作中的每一件小事）。

2）遵守规定的习惯。

3）自觉维护工作环境整洁规范的良好习惯。

4）文明礼貌的习惯。

## 项目实训评价：电位器调光电路操作综合能力评价

| 评定内容 | 配分 | 评定标准 | | 小组评分 | 教师评分 |
|---|---|---|---|---|---|
| 任务2.1 | 20 | 表2.1中，错1空扣1分 | 完成时间 | | |
| 任务2.2 | 30 | 1）电路搭接不成功，扣10分；<br>2）回答问题基本正确，扣5～10分 | 完成时间 | | |
| 任务2.3 | 35 | 1）表2.3中，错1空扣1分；<br>2）回答问题基本正确，扣3～6分 | 完成时间 | | |
| 安全文明操作 | 5 | 1）工作台不整洁，扣1～2分；<br>2）违反安全文明操作规程，扣1～5分 | | | |
| 表现、态度 | 10 | 好，得10分；较好，得7分；一般，得4分；差，得0分 | | | |
| 总得分 | | | | | |

────────── 做一做 ──────────

1. 每位同学认识 4 种不同类型的电位器，用万用表检测两个固定端阻值以及电位器中间滑动片与固定端间阻值变化情况，将识别、测量结果填入表 2.4 中。

表 2.4　电位器识别与检测表

| 编号 | 外形示意图 | 标称阻值 | 万用表挡位 | 固定端电阻值 | 中间滑动端与固定端阻值变化情况 | 质量判断 |
|---|---|---|---|---|---|---|
| 1 | | | | | | |
| 2 | | | | | | |
| 3 | | | | | | |
| 4 | | | | | | |

2. 每位同学认识 4 种不同类型的开关，按动（或拔动）开关，观察开关是否灵活，再用万用表检测并区分其动合端与动断端，并说明开关的类型，将识别、测量结果填入表 2.5 中。

表 2.5　开关识别与检测表

| 编号 | 外形示意图 | 类型 | 开关位数 | 动合端与动断端的对数 | 质量判断 |
|---|---|---|---|---|---|
| 1 | | | | | |
| 2 | | | | | |
| 3 | | | | | |
| 4 | | | | | |

────────── 想一想 ──────────

1. 在实际生活中有哪些电子、电器产品中使用到电位器和开关？请举例说明。

2. 谈谈如何检测电位器与开关。

# 项目 3
## 搭接电容器充电与放电电路

几乎所有的电子产品都用到了储能元件——电容器。电容器的基本功能是充电和放电。本项目通过在面包板上搭接一个电容器充电与放电电路来认识与检测电容器，并用万用表检测电路的工作过程。

电容器充电与放电电路原理图如图 3.1 所示。电路中的电容器能储存电荷，可当作临时电源使用。其工作原理是：当开关 S 拨动到"3"位置时，电池通过发光二极管 $LED_1$、电阻 $R_1$ 向电容器 $C$"倒电荷"（即充电），刚开始电容器 $C$ 两端电压为零，回路电流最大。随着时间的推移，电容器两端电压升高，充电电流减小，当电容器两端电压与电源电

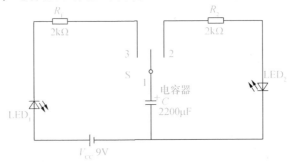

图 3.1　电容器充、放电电路

压几乎相同时，回路电流为零，此时电容器储满电荷，回路电流变化情况可以通过发光二极管 $LED_1$ 反映出来。当开关 S 从 "3" 位置拨动到 "2" 位置时，电容器 C 的电荷通过负载 $R_2$、$LED_2$ 慢慢消耗掉（即放电），回路电流从最大降为零，其变化情况可通过发光二极管 $LED_2$ 反映出来。

## 任务 3.1　识别、检测电容器充电与放电电路的元器件

任务描述：

如图所示，电容器充电与放电电路使用到电池、电阻器、发光二极管、开关和电容器，本任务主要识别与检测电容器，并将所有元器件识别检测情况填入表 3.1 中。

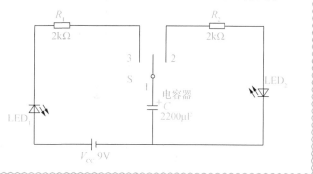

### 3.1.1　实践操作：识别与检测电解电容器

器材准备　$2k\Omega$ 0.25W 电阻器 2 只，红色 $\phi5$ 发光二极管 1 只，绿色 $\phi5$ 发光二极管 1 只，自锁开关 1 只，$2200\mu F/50V$ 电容器 1 只，9V 叠层电池 1 节；MF47 型万用表 1 只。

#### 1　识别电解电容器

与项目 2 相比，本项目增加的元件是电容器中的一种——电解电容器，它有正极、负极之分，使用时要注意。其实物外形、电路符号与内部结构如图 3.2 所示。外壳上标示的 "$2200\mu F$ 50V" 表示该电解电容器的电容量为 $2200\mu F$，耐压为 50V。从其内部结构图可见电容器的两极间是相互绝缘的。

#### 2　检测电解电容器

使用指针式万用表欧姆挡估测电容器容量、漏电性能、极性及储能情况。

第一步　选择合适挡位。将指针式万用表旋转开关置于 $R \times 100$ 挡。

第二步　欧姆调零。两表笔短路，调节欧姆调零电位器，使指针指在 "0" $\Omega$ 处。

第三步　测量正向漏电阻。先短路电容器两引脚，使其放电。如图 3.3 所示，黑表笔接电容器正极，红表笔接电容器负极（且两表笔接触电容器后保持始终接触），可观察到：在刚接触的瞬间，万用表指针立即向右偏转较大幅度，然后慢慢向左回转，直到停在某一位置不动（即正向漏电阻）。

1）指针向右偏转角度反映了电容器的容量大小。$2200\mu F$ 的电容器向右偏转角度是很大的，若偏转角度较小则说明其容量减小了，需更换。

2）指针向左回转，最后停止不动的阻值表示电容器的正向漏电阻，即电容器的漏电性能。此阻值一般应大于 $500k\Omega$（最好趋向于无穷大），表示电容器漏电性能好。若该阻

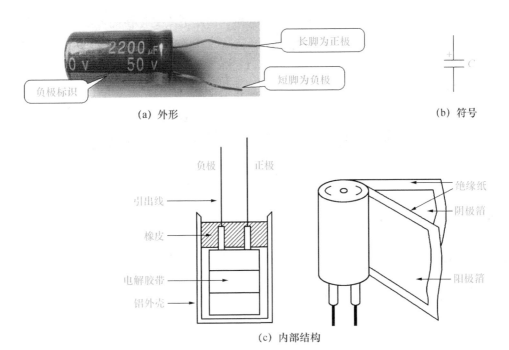

(a) 外形　　　　　　　　　　　　　　　　　　　　(b) 符号

(c) 内部结构

图 3.2　电解电容器外形、内部结构与电路符号

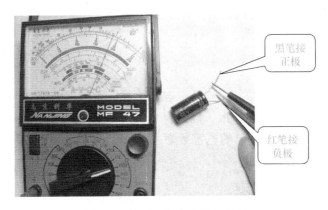

图 3.3　检测电解电容器的质量

值较小则说明电容器漏电，不能使用。

　　第四步　测量电容器的储电情况。电解电容器正向充电后，将万用表转换在 10V 直流电压挡，红表笔接电容器正极，黑表笔接电容器负极，可观察到电容器两端有电压，说明电容器可以存储电能。

　　第五步　测量反向漏电阻判断其极性。短路电容器的两条引线使电容器放电，交换两表笔（即红笔接电容器正极，黑表笔接电容器负极）测试电解电容器，最后指针停止不动指示的阻值即为电容器的反向漏电阻，一般比正向漏电阻小，用此方法可判断电解电容器的正、负极。

### 3.1.2　操作结果与总结

将识别与检测电容器充电与放电电路元器件的有关数据填入表 3.1 中（每空 1 分，共 20 分）。

表 3.1　识别与检测电容器充电与放电电路的元器件

| 代号 | 元件名称 | 规格 | 外形示意图（有极性需标示） | 检测 | |
|---|---|---|---|---|---|
| | | | | 万用表表挡位 | 测量结果 |
| $R_1$ $R_2$ | 色环电阻器 | 2kΩ 0.25W | （色环） | | 实测阻值： |
| $LED_1$ | 发光二极管 | φ5 红色 | | | 正向阻值： |
| | | | | | 反向阻值： |
| $LED_2$ | 发光二极管 | φ5 绿色 | | | 正向阻值： |
| | | | | | 反向阻值： |
| $V_{CC}$ | 电源 | 9V 叠层电池 | | | 实测电压值： |
| $C$ | 电容器 | 2200μF 16V | | | 正负极判别： |
| | | | | | 质量检测： |
| S | 自锁开关 | 8mm × 8mm | | | 动合端： |
| | | | | | 动断端： |

## 任务 3.2　搭接电容器充电与放电电路

**任务描述：**

将电阻器、发光二极管、自锁开关和电容器按图示的关系搭接在面包板上。接通电源后，通过开关控制电容器的充电过程和放电过程。由红色发光二极管亮度变化反映充电过程，由绿色发光二极管亮度变化反映放电过程。

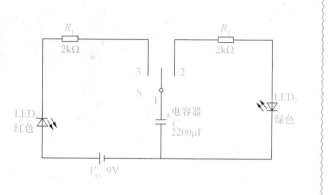

### 3.2.1　实践操作：搭接电路和电路功能调试

**器材准备**　如表 3.1 所示的元器件，有鳄鱼夹的电池扣 1 套，SYB－120 面包板 1 块，MF47 型万用表 1 只。

1 搭接电路

第一步 观察面包板结构，分析如何布局便于后面测试。

第二步 依据电容器充电与放电电路原理图所示的原理关系连接电路，其连接关系示意图如图 3.4 所示。可以看出，此电路有两个回路，一个回路是电源 $V_{CC}$、$LED_1$、$R_1$、S 常开两引脚与电解电容器 $C$ 串联；另一个回路是电解电容器 $C$、S 常闭两引脚、$R_2$ 与 $LED_2$ 串联。注意发光二极管的正负极、电容器的正负极，自锁开关的常开两引脚用于控制充电回路，自锁开关的常闭两引脚用于控制放电回路。

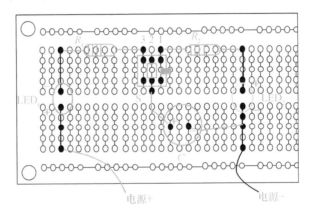

图 3.4 电容器充电与放电电路连接示意图

第三步 在面包板上搭接电路。搭接后的电路如图 3.5 所示。

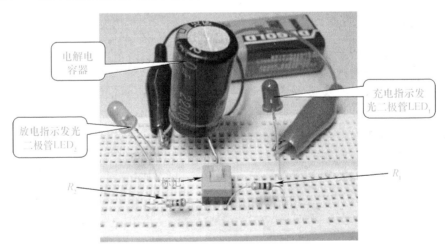

图 3.5 搭接的电容器充电与放电电路

第四步 检查无误后，接通电源，电源正极接 $LED_1$ 的正极，电源负极接电容器 $C$ 的负极。按下开关 S，观察电路。过一段时间后再按一下开关 S，并观察电路，然后过一段时间再次按一下开关 S，观察电路。

### 2　电路功能调试

电容器充电与放电电路实现的功能是：正确接通电源后，按下开关，可见 LED$_1$ 发出红光，然后慢慢熄灭；再按一下开关 S，LED$_2$ 发出绿色光，然后又慢慢熄灭；如此反复。

电路搭接后可能不成功，这时需仔细对照电路图检查及分析故障、排除故障，其常见故障及可能原因如表 3.2 所示。

表 3.2　电容器充电与放电电路常见故障及可能原因

| 故障现象 | 可能原因 |
| --- | --- |
| LED$_1$ 不发光 | 1）LED$_1$ 接反；<br>2）电路有未接通之处 |
| LED$_2$ 不发光 | 1）LED$_2$ 接反；<br>2）电路有未接通之处 |
| 开关 S 闭合时 LED$_2$ 发光，断时 LED$_1$ 发光 | 开关 S 常开、常闭组接反，重新调换一下 |
| 充电时，LED$_1$ 一直发光不灭，放电时 LED$_2$ 能灭 | 电容器极性接反 |

## 3.2.2　操作结果与总结

检查搭接的电路并回答以下两个问题（电路搭接成功得 10 分，下面每个问题各 10 分，合计 30 分）。

1）搭接的电路接通电源后有什么现象？开关 S 按下时和弹起时分别有什么现象？

2）按下开关 S 时，LED$_1$ 刚开始发出红光，后来又慢慢熄灭，为什么会产生这种现象？

## 任务 3.3　检测电容器充电与放电电路

**任务描述：**

使用指针式万用表检测按下开关 S 时回路电流的变化情况以及电阻器 $R_1$、电容器 C 两端电压的变化情况；再使用指针式万用表检测在开关 S 弹起时回路电流的变化情况以及电阻器 $R_2$、电容器 C 两端电压的变化情况，从而加深对电容器充电与放电电路工作原理的理解。

### 3.3.1　实践操作：检测电容器充电与放电电路的电流和电压

**器材准备**　任务 3.2 搭接成功的电容器充电与放电电路、MF47 型万用表 1 只。

#### 1　测量电容器的充电电流和放电电流

**第一步**　如图 3.6 所示，将电阻器 $R_1$ 与 LED$_1$ 断开，万用表旋转开关置于 5mA 挡，两表笔分别串接在断口处，红表笔接高电位，黑表笔接低电位。

第二步 接通电源，按下开关 S，可观察到刚按下开关 S 的瞬间指针所指电流大约为 3.5mA，然后指针慢慢回到 0mA，记录充电回路电流变化情况于表 3.3 中（短路 $LED_1$ 可加快充电速度）。

第三步 将电阻器 $R_2$ 与 $LED_2$ 断开，万用表转换开关置于 5mA 挡，两表笔分别接在 $R_2$ 与 $LED_2$ 的断口处，连接放电回路。弹起开关 S，可观察到刚弹起开关 S 的瞬间指针所指电流大约为 3.5mA，然后指针慢慢回到 0mA，记录放电回路电流变化情况于表 3.3 中。

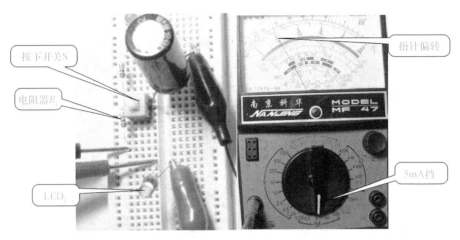

图 3.6 电容器充电时某一瞬时电流

**2** 测量充电过程电容器、电阻器两端电压

第一步 如图 3.7 所示，重新连接好电路，使电路复原。把万用表旋转开关置于直流电压 10V 挡，红表笔接电容器正极，黑表笔接电容器负极。

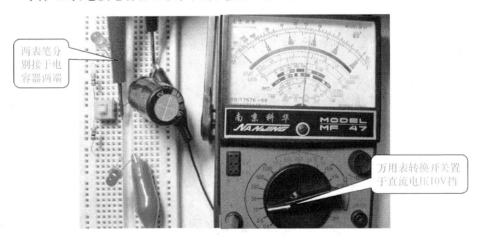

图 3.7 测量电容器两端某一瞬时电压

第二步 按下开关 S，观察万用表指针的变化情况，记录电容器两端电压于表 3.3 中。

第三步 弹起开关 S，先使电容器放电，两表笔分别接在电阻器 $R_1$ 两端，重新按下开关 S，观察万用表指针的变化情况，并记录 $R_1$ 两端电压变化情况于表 3.3 中。

**3** 测量放电过程电容器、电阻器两端电压

第一步 将万用表旋转开关置于直流电压10V挡，两表笔分别接在电容器两端。电容器完成充电后弹起开关S，观察电容器两端电压的变化情况，将测量结果填入表3.3中。

第二步 两表笔分别接在电阻器 $R_2$ 两端。电容器完成充电后弹起开关S，观察电阻器 $R_2$ 两端电压的变化情况，将测量结果填入表3.3中。

**表3.3 电容器充电和放电时电路电流、电压变化情况**

| 测量项目 | 电路中电流 $I$ 的变化范围 | 电阻两端电压 $U_R$ 的变化范围 | 电容器两端电压 $U_C$ 的变化范围 |
|---|---|---|---|
| 按下开关S时，电容器的充电过程 | | | |
| 弹起开关S时，电容器的放电过程 | | | |

**4** 分析电路

1）电容器在充电过程中，电路中的电流为什么开始最大，最后变为零？

分析 充电开始时电容器内无电荷，两端无电压，电源正极与电容器正极之间存在较大的电位差，电源电压几乎全部加在电阻器 $R$ 和 LDE$_1$ 两端，故刚充电开始时电流较大，二极管 LED$_1$ 较亮；随着充电的进行，电容器内储存的电荷增多，电容器两端电压升高，逐渐接近电源电压，而电阻器两端的电压逐渐为零，故充电电流会越来越小，直到为零，二极管 LED$_1$ 就逐渐熄灭。

2）电容器在放电过程中，电路中的电流为什么开始最大，最后变为零？

分析 充电结束后电容器内储存了电荷，两端电压较高。在放电开始时，电容器两端电压仍较高，全部电压加在电阻器 $R_2$ 和 LED$_2$ 上，此时回路电流最大，LED$_2$ 最亮；随着放电的进行，电容器内的电荷逐渐被电阻器 $R_2$ 消耗，直到放电结束，回路电流就为零，二极管 LED$_2$ 熄灭。

充电和放电是电容器的基本功能。

## 3.3.2 操作结果与总结

通过操作，将检测电路的数据填入表3.3中，并回答下面3个问题（表中每空2分，第1个问题7分，后两个问题8分，总共35分）。

1）电容器 $C$ 充电后，其两端有电压存在说明了电容器是一种什么元件？

2）电阻器 $R_1$ 与电容器 $C$ 两端电压在充电过程中为什么变化是相反的？

3）电阻器 $R_2$ 与电容器 $C$ 两端电压在放电过程中为什么都是从最大变到零？

# 知识链接：电容器

电容器通常简称电容，用字母 $C$ 表示，是一种容纳电荷、储存电能的元件，即"装电的容器"。电容器具有充电、放电和隔直流、通交流的特性，广泛应用于隔直、耦合、旁路、滤波、去耦及调谐回路等方面。

## 1 电容器的分类、符号和外形

电容器的种类较多，可按介质材料、结构和形状进行分类，如图 3.8 所示。从形状上看，电容器有圆片形、柱形、矩形和片状电容器。片状电容器因体积小、无引线、内部电感小、损耗小、高频特性好、耐潮性好、稳定性及可靠性高，广泛应用于现代 SMT 技术中。

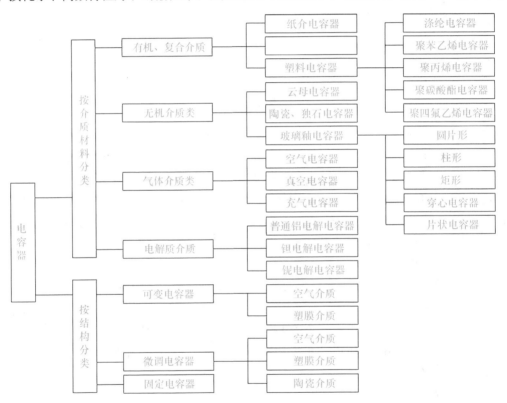

图 3.8 电容器分类

几种电容器的电路符号如图 3.9 所示。

图 3.9 几种电容器的电路符号

电解电容器一般是有极性的，它的极性（常标出负极"－"）标示在外壳上，对新电容器，长脚是正极，短脚是负极。钽电解电容器在外壳上直接标示"＋"表示正极，柱形贴片电解电容器在外壳上用黑色阴影表示负极，片状电解电容器在元件本体的一端用反色条表示负极。还有变容二极管，在应用中可作为可变电容器使用。常见电容器实物如图3.10所示。

(a)铝电解电容器

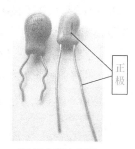
(b)钽电解电容器

(c)柱形贴片电解电容器

(d)片状贴片电解电容器

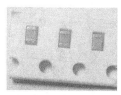
(e)片状贴片电容器

(f)高频瓷介电容器(CC)

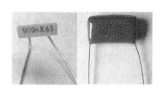
(g)聚丙稀电容器(CBB)

(h)聚酯电容器(CL)或涤纶电容器

(i)聚苯乙烯电容器(CB)

(j)独石电容器

(k)双联可变电容器

(l)微调电容器

(m)薄膜复合电容器

(n)变容二极管

(o)云母电容器

图3.10　常见电容器的外形

## 2 电容器的命名方法

根据中国国家标准 GB/T 2470—1995《电子设备用固定电阻器、固定电容器型号命名方法》和 GB/T 2691—1994《电阻器和电容器的标志代码》，国产电容器的型号一般由 4 部分组成（不适用于压敏、可调、真空电容器），依次为主称，介质材料，特征、分类和序号，如表 3.4 所示。进口电容器一般有 6 部分组成，可查相关资料。

**表 3.4 国产电容器命名方法和各部分的意义**

| 第一部分：主称 | | 第二部分：介质材料 | | | | 第三部分：特征、分类 | | | | | 第四部分：序号 |
|---|---|---|---|---|---|---|---|---|---|---|---|
| 符号 | 意义 | 符号 | 意义 | 符号 | 意义 | 符号 | 意义：瓷介电容器 | 意义：云母电容器 | 意义：有机介质电容器 | 意义：电解电容器 | |
| C | 电容 | A | 钽电解质 | L | 极性有机薄膜介质 | 1 | 圆形 | 非密封 | 非密封（金属箔） | 箔式 | 对于材料相同可互换的电容器，给同一序号；影响互换的电容器，在序号后面再用大写字母作为区别代号 |
| | | B | 非极性有机薄膜介质 | N | 铌电解质 | 2 | 管形（圆柱） | 非密封 | 非密封（金属化） | 箔式 | |
| | | BB | 聚丙烯 | O | 玻璃膜介质 | 3 | 迭片 | 密封 | 密封（金属箔） | 烧结粉非固体 | |
| | | C | 1 类陶瓷介质 | Q | 漆膜介质 | 4 | 多层（独石） | 独石 | 密封（金属化） | 烧结粉固体 | |
| | | D | 铝电解质 | S | 3 类陶瓷介质 | 5 | 穿心 | | 穿心 | | |
| | | E | 其他材料电解质 | T | 2 类陶瓷介质 | 6 | 支柱式 | | 交流 | 交流 | |
| | | G | 合金电解质 | V | 云母纸介质 | 7 | 交流 | 标准 | 片式 | 无极性 | |
| | | H | 复合介质 | Y | 云母介质 | 8 | 高压 | 高压 | 高压 | | |
| | | I | 玻璃釉介质 | Z | 纸介质 | 9 | | | 特殊 | 特殊 | |
| | | J | 金属化纸介质 | | | G | 高功率 | | | | |

例如高功率瓷介电容器：

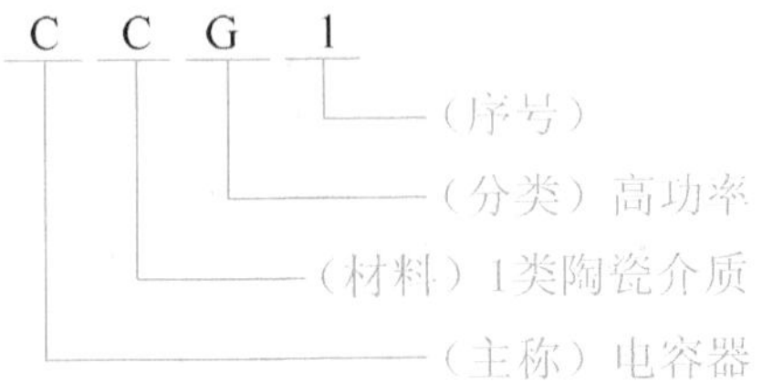
C C G 1
（序号）
（分类）高功率
（材料）1类陶瓷介质
（主称）电容器

例如 CD71——无极性的铝电解电容器。

3　电容器的主要参数

电容器在使用中的主要参数是标称电容、电容量允差和额定电压等。

（1）标称电容和电容量允差

标称电容表示电容器在一定工作条件下储存电能的能力。电容量允差（也称误差）是电容器的实际电容和标称电容允许的最大偏差范围。一般瓷介、云母、玻璃釉、高频有机膜电容器的允许偏差较小，而电解电容器、纸介电容器的允许偏差较大。其标示方法有直标法、文字符号标注法、数码法和色标法等4种，读法与电阻器相同，单位用皮法（pF）。另外，电容器的容量单位还有法（F）、微法（μF）、纳法（nF）等，单位之间的换算关系是

$$1F = 10^6 \mu F = 10^9 nF = 10^{12} pF$$

例如：文字符号标法和数码法综合标示的电容器：

电容器"2A473K"——2A 表示耐压为 100V，473 表示电容量为 47 000pF（0.047μF），K 表示误差为 ±10%。

电容器"2G103J"——2G 表示耐压为 400V，103 表示电容量为 10 000pF（0.01μF），J 表示误差为 ±5%。

电容器"10NJ63"——63 表示耐压为 63V，10N 表示电容量为 10nF（即 0.01μF），J 表示误差为 ±5%。

电容器容量的大小反映了对交流的阻碍作用——容抗 $X_C$

$$X_C = \frac{1}{2\pi f C}$$

可见，电容的容抗大小与电容量 $C$ 和交流电的频率 $f$ 成反比。因此要根据实际电路工作频率及用途来选择不同容量的电容器。

（2）额定电压

额定电压(又称为耐压)指电容器在电路中长期工作所能承受的最高工作电压。电容器的额定电压有 6.3V、10V、16V、25V、63V、100V、160V、250V、400V、630V 和 1000V 等。

涤纶电容器的耐压一般采用一个数字（$n$）和一个字母组合而成，数字 $n$ 表示 10 的幂指数（$10^n$），字母表示数值，单位为伏（V），耐压 = 字母×$10^n$。

字母的含义：A – 1.0，B – 1.25，C – 1.6，D – 2.0，E – 2.5，F – 3.15，G – 4.0，H – 5.0，J – 6.3，K – 8.0，Z – 9.0。如"2J103J"中的"2J"表示 $6.3 \times 10^2 = 630$（V）。

4　贴片电容器

贴片电容器又称多层片式陶瓷电容器，其封装（尺寸）形式与贴片电阻器相同，典型产品有片状陶瓷电容器、片状钽电解电容器和无极性电解电容器，片状陶瓷电容器使用量最大，其容量范围为 1pF ~ 0.047μF，片状钽电容器的容量范围为 0.1 ~ 100μF。

对于 AVX 公司生产的贴片电容器，按填充介质不同有 NPO 电容器、X7R 电容器、Z5U 电容器、Y5V 电容器，它们的特性不同，应用场合也不同。贴片电容器命名方法可在 AVX 网站上查找，不同的公司命名方法可能略有不同。

### 5 电容器的检测

电容器的常见故障有开路损坏、击穿短路损坏、漏电、电容量减小、介质损耗增大等，可以用指针式万用表进行检测。

（1）用万用表判别电容器的容量

数字式万用表一般都有测试电容容量的功能，可用数字式万用表测量其电容量大小。

利用电容器的充电特性，可用指针式万用表欧姆挡检测其容量和绝缘电阻，如图3.11所示。图3.11（b）为检测原理电路，当两表笔接触电容器的两电极，表内电源 $E$ 通过内阻向 $C$ 充电。刚接通时电流最大，表针迅速向右偏转一个明显的角度。随着电容器的充电时间增加，充电电流逐渐减小，表针又向左返回"∞"处。

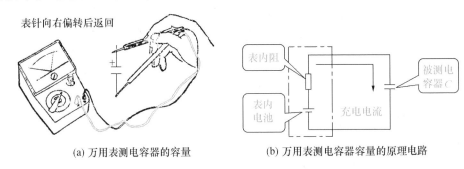

(a) 万用表测电容器的容量　　　　　　　(b) 万用表测电容器容量的原理电路

图3.11　万用表测电容器容量原理示意图

从表针的偏转角度大小可粗略估测电容器容量的大小，容量越大，表针向右偏转角度越大，有时可冲过零欧姆。两个相互靠近又绝缘的导体就构成了电容器，因此表针向左摆动最后所指电阻值，就是电容器的绝缘电阻值，该电阻值越大越好。

用指针式万用表电阻挡测量时，为了使得表针偏转角度更大一些，一般对于 $1\mu F$ 以下电容器可选用 $R\times10k$ 挡。测试中，对于 $5000pF$ 以下的电容器，表针应几乎不动，为正常；对于 $5000pF\sim1\mu F$ 的电容器，表针应微微动一下，后回到"∞"处，为正常。

对于 $1\sim50\mu F$ 的电容器，可用 $R\times1k$ 挡进行测量；测试中，开始指针向右偏转，然后指针慢慢向左返回，最后应接近"∞"处为正常。

对于 $50\mu F$ 以上的电容器，可用 $R\times100$ 挡或 $R\times1$ 挡来测量；测试中，开始指针向右较大偏转，然后指针慢慢向左返回，最后应接近"∞"处，至少为几百千欧以上才为正常。

（2）用万用表检测电容器的质量

若 $5000pF$ 以上电容器测试时无充电现象，说明电容器开路或失去电容量；测得电容器绝缘电阻为零或很小，说明其内部短路或击穿损坏。

测量时应注意，对于有极性的电解电容器，指针式万用表的黑表笔应接电容器的正极，红表笔接电容器的负极，最后指针所指阻值为正向漏电阻，即电容器的绝缘电阻，该电阻越大，说明电容器性能越好。而两表笔接反后，所测阻值为反向漏电阻，一般比正向漏电阻小。

若要对电容器容量和介质损耗等参数进行精确的测量，则要使用电桥或 Q 表等进行测量。

## 项目实训评价：搭接与检测电容器充电与放电指示电路操作综合能力评价

| 评定内容 | 配分 | 评定标准 | | 小组评分 | 教师评分 |
|---|---|---|---|---|---|
| 任务 3.1 | 20 | 表 3.1 中，错 1 空扣 1 分 | 完成时间 | | |
| 任务 3.2 | 30 | 1) 电路搭接不成功，扣 10 分；<br>2) 回答问题基本正确，扣 5 ~ 10 分 | 完成时间 | | |
| 任务 3.3 | 35 | 1) 表 3.3 中，错 1 空扣 2 分；<br>2) 回答问题基本正确，扣 3 ~ 7 分 | 完成时间 | | |
| 安全文明操作 | 5 | 1) 工作台不整洁，扣 1 ~ 2 分；<br>2) 违反安全文明操作规程，扣 1 ~ 5 分 | | | |
| 表现、态度 | 10 | 好，得 10 分；较好，得 7 分；一般，得 4 分；差，得 0 分 | | | |
| 总得分 | | | | | |

做一做

1. 识别与检测 6 种以上不同类型的电容器，将结果记录于表 3.5 中（使用 MF47 型指针式万用表检测）。

表 3.5  识别、检测各种电容器

| 序号 | 电容器名称 | 识别情况 | | | | | | 检测情况 | | | |
|---|---|---|---|---|---|---|---|---|---|---|---|
| | | 外形示意图<br>（有极性需标记） | 介质<br>材料 | 标称<br>电容 | 耐压<br>/V | 误差 | 有无<br>极性 | 万用表<br>挡位 | 绝缘<br>电阻 | 指针偏<br>转情况 | 质量 |
| 1 | 铝电解电容器 | | | | | | | | | | |
| 2 | 钽电解电容器 | | | | | | | | | | |
| 3 | 瓷片电容器 | | | | | | | | | | |
| 4 | 涤纶电容器 | | | | | | | | | | |
| 5 | CBB 电容器 | | | | | | | | | | |
| 6 | 贴片电容器 | | | | | | | | | | |
| 例如 | 高压瓷片电容器 | 2kV<br>220k | 陶瓷 | 220pF | 2kV | ±10% | 无 | $R \times 10k$ | ∞ | 一直不动 | 正常 |

2. 使用 DT9205 型数字式万用表的电容测试挡检测第 1 题中 6 个电容器的容量，并将结果填入表 3.6 中。

表 3.6　数字万用表检测各种电容器容量

| 电容器 | 铝电解电容器 | 钽电解电容器 | 瓷片电容器 | 涤纶电容器 | CBB 电容器 | 贴片电容器 |
|---|---|---|---|---|---|---|
| 万用表挡位 | | | | | | |
| 实测值 | | | | | | |

────────────────── 想一想 ──────────────────

1. 电容器在电路中起什么作用?

2. 电容器两端电压为什么不可突变?

3. 如何检测电容器的容量及质量?

# 搭接三极管放大电路

**教学目标**

知识目标 ☞

1. 理解三极管放大电路的工作原理。
2. 掌握二极管、三极管的类型和特性。
3. 掌握使用万用表检测二极管、三极管极性和质量的方法。

技能目标 ☞

1. 能用面包板搭接三极管放大电路。
2. 能识别与检测二极管、三极管。
3. 能用万用表测量三极管放大电路的工作状态，理解电路是如何工作的。
4. 能排除三极管放大电路常见故障。

　　放大器之所以能放大信号，是因为三极管的作用。图4.1所示是三极管放大电路原理图，本项目通过在面包板上搭接该电路，再通过万用表检测三极管以及三极管在放大电路中的工作状态来达到使学生理解电路工作原理的目的。

　　图4.1所示是典型的固定偏置放大电路。RP、$R_b$是三极管基极偏置电阻，调节RP可改变基极偏置电流；$R_c$为集电极负载电阻，作用是将三极管的电流放大转换为电压放大。$LED_1$、$LED_2$为电路导通程度指示二极管；VT是具有电流放大作用的三极管；二极管VD用于控制电流流向及降低三极管工作电压。

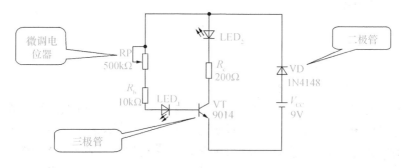

图 4.1　固定偏置放大电路

电路工作原理：调节 RP，三极管基极电流发生变化，三极管会有 3 种工作状态。当满足三极管的发射极正偏、集电极反偏的条件时，三极管就处于放大状态，此时集电极电流 $I_c$ 受基极电流 $I_b$ 控制，成 $\beta$ 倍变化。从发光二极管来看，$LED_1$ 的亮度有微小变化，$LED_2$ 的亮度就会有较大变化，故三极管是电流控制型器件。

## 任务 4.1 识别与检测三极管放大电路的元器件

*任务描述：*

如图所示，三极管放大电路使用了电池、电阻器、发光二极管、微调电位器、三极管和二极管。本任务主要是识别与检测三极管和二极管，并将所有电路元器件识别与检测情况填入表 4.2 中。

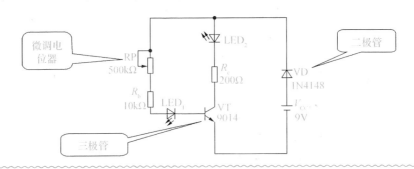

### 4.1.1 实践操作：识别与检测二极管、三极管和微调电位器

**器材准备** 本任务所需准备器材如表 4.1 所示。

**表 4.1 三极管放大电路所需器材**

| 元器件 | 10kΩ 0.25W 电阻器 1 只，200Ω 0.25 电阻器 1 只，500kΩ 微调电位器 1 只，红色 φ5 发光二极管 2 只，1N4148 二极管 1 只，S9014 的三极管，9V 叠层电池 1 节 |
| --- | --- |
| 其他材料 | 有鳄鱼夹的电池扣 1 套，SYB – 120 面包板 1 块 |
| 仪表 | MF47 型万用表 1 只，DT9205 型数字式万用表 1 只 |
| 工具 | 一字旋具 1 把 |

**1 识别与检测二极管**

第一步 识别二极管。

本项目使用的二极管型号为 1N4148，是开关二极管，点接触型。其实物外形、内部结构与电路符号如图 4.2 所示。可从外形标记上来判断二极管的正、负极，有黑色环的一方为负极，另一方为二极管的正极。由图 4.2（b）可知二极管内有一个 PN 结，P 区为正极，N 区为负极，电流只能从 P 区流入，N 区流出，故二极管具有单向导电性。二极管一般用 VD 或 D 表示，电路符号中的三角方向表示了电流流向。

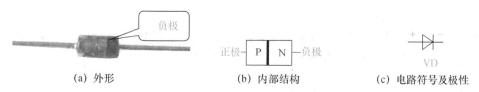

(a) 外形　　　　　　(b) 内部结构　　　　　　(c) 电路符号及极性

图 4.2　二极管外形、内部结构与电路符号

第二步　检测二极管。

如图 4.3 所示,将指针式万用表旋转开关置于 $R \times 1k$ 挡,两表笔分别接 1N4148 二极管的两个引脚,交换两表笔测得两次阻值,可观察到一次阻值较小,约为 $7k\Omega$(正向电阻),另一次阻值较大(接近无穷大)。由此可判定该二极管正常可用,其中,阻值小的那次检测中黑表笔接的是二极管的正极,红表笔接的是二极管的负极。

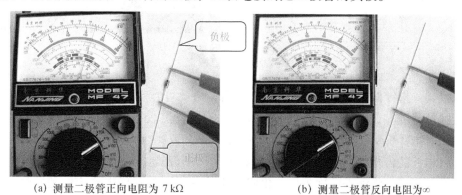

(a) 测量二极管正向电阻为 $7k\Omega$　　　　(b) 测量二极管反向电阻为 ∞

图 4.3　用指针式万用表测量 1N4148 二极管的质量

### 2　识别与检测三极管

第一步　识别三极管。

本项目使用的三极管型号为 S9014,是高频小功率管,其实物外形、内部结构与电路符号如图 4.4 所示。S9014 三极管的封装形式为 SOT – 23,切面字符正对用户,引脚向下,其 3 个引脚排列分别为发射极 e、基极 b、集电极 c;如图 4.4 (b) 所示,三极管内部有两个 PN 结,3 个区(集电区、基区、发射区),3 个电极(集电极 c、基极 b、发射极 e);图 4.4 (c) 所示是 NPN 型三极管,电路符号发射极上的箭头表示了三极管的类型和发射极的电流流向(从发射极流出),一般用 V 或 VT 表示三极管。

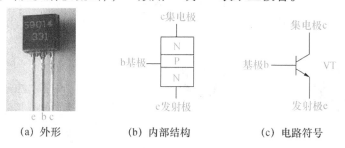

(a) 外形　　　　　　(b) 内部结构　　　　　　(c) 电路符号

图 4.4　三极管外形、结构与电路符号

**第二步** 检测三极管。

如图 4.5 所示。将指针式万用表旋转开关置于 $R \times 1k$ 挡，黑表笔接 S9014 三极管的中间引脚，红表笔分别接三极管另外两引脚，即得 $R_{be}$ 和 $R_{bc}$。

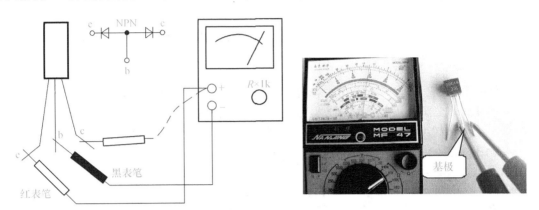

图 4.5 检测三极管

可观察到：指针偏转，阻值均为 $11k\Omega$ 左右，由此可判定该管为 NPN 型，材料为硅，黑表笔接的是基极 b。再用红表笔接三极管中间引脚，黑表笔分别接三极管另外两引脚，可观察到此时指针不动，阻值为无穷大，即 $R_{eb}$ 和 $R_{cb}$ 值。由此可判定此三极管正常可用。

然后将指针式万用表转换开关置于 $R \times 10k$ 挡，两表笔接触 S9014 除基极以外的另外两引脚，交换两表笔将测得两次阻值，由阻值小的一次可判断黑表笔接的是发射极 e，红表笔接的是集电极 c。

使用 $h_{FE}$ 挡可测量三极管的直流放大系数 $\overline{\beta}$，只需将 S9014 三极管的 3 个引脚对应插入三极管 $h_{FE}$ 挡测试插孔（N 列），由万用表的第 7 条刻度线（$h_{FE}$ 读数标尺）直接读出 $\overline{\beta}$ 值。

**3** 识别与检测微调电位器

**第一步** 识别微调电位器。

本项目使用的电位器是无柄的微调电位器，其实物外形、内部结构与电路符号如图 4.6 所示。电位器上标示"504"，表示其标称值采用了数码法标示，固定标称阻值为 $500k\Omega$。如图 4.6（b）所示，微调电位器内部结构与有柄电位器基本相似，同样有 3 个引脚（A、C 为固定端，B 为滑动端），使用一字旋具旋动塑料架时，即可改变滑动端与固定端之间的阻值。常使用的电路符号有两种，都可表示 RP，如图 4.6（c）所示。

(a) 外形　　　　　　(b) 内部结构　　　　　　(c) 电路符号

图 4.6 微调电位器外形、内部结构与电路符号

**第二步**　检测微调电位器。

与有柄电位器检测方法相同。检测 $500k\Omega$ 的电位器，万用表需置于 $R \times 10k$ 挡，检测阻值变化情况时，使用一字旋具旋动电位器，观察其阻值变化范围是否连续增大或连续减小，不能有跳动或一直为 0 或一直为 $\infty$。

### 4.1.2　操作结果与总结

将识别与检测三极管放大电路中元器件的有关数据填入表4.2中（每空1分，共25分）。

提示：$R_{be}$ 表示黑表笔接 b 端，红表笔接 e 端；$R_{eb}$ 表示黑表笔接 e 端，红表笔接 b 端。

**表4.2　三极管放大电路的元器件识别与检测表**

| 代号 | 元件名称 | 规格/型号 | 外形示意图（有极性需标示） | 检测 | |
|---|---|---|---|---|---|
| | | | | 表挡位 | 测量结果 |
| $R_b$ | 电阻器 | $10k\Omega$ 0.25W | （色环） | | 实测阻值： |
| $R_c$ | 电阻器 | $200k\Omega$ 0.25W | （色环） | | 实测阻值： |
| $LED_1$ | 发光二极管 | $\phi5$ 红色 | | | 正向阻值：<br>反向阻值： |
| $LED_2$ | 发光二极管 | $\phi5$ 红色 | | | 正向阻值：<br>反向阻值： |
| $V_{CC}$ | 电源 | 9V | | | 实测电压值： |
| RP | 电位器 | $500k\Omega$ | | | 固定值：<br>变化情况： |
| VD | 二极管 | 1N4148 | | | 正向阻值：<br>反向阻值： |
| VT | 三极管 | 9014 | | $R \times 1k$ | $R_{be} =$ 　　 $R_{bc} =$ 　　 $R_{eb} =$ 　　 $R_{cb} =$ |
| | | | | $R \times 10k$ | $R_{ce} =$ 　　 $R_{ec} =$ |
| | | | | $R \times 10$ | $\overline{\beta} =$ |

## 任务 4.2　搭接三极管放大电路

**任务描述：**

将电阻器、发光二极管、电位器、二极管、三极管，按三极管放大电路原理图所示的关系搭接在面包板上；接通电源后调节 RP，使 $LED_1$ 的发光程度在微小范围内变化时，$LED_2$ 的发光程度变化范围会很大。

### 4.2.1　实践操作：搭接并调试三极管放大电路

**器材准备**　如表4.1所示器材。

1 搭接电路

第一步 设计出合理的布局示意图，以便于后面测试电压、电流。三极管放大电路连接示意如图4.7所示。

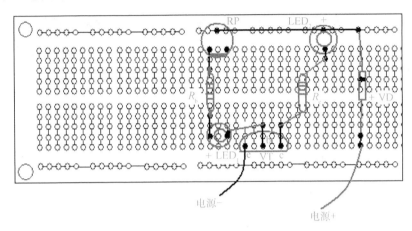

图4.7 三极管放大电路连接示意图

第二步 在面包板上依据三极管放大电路原理图所示的关系搭接电路。注意二极管的正、负极，三极管的基极、集电极、发射极，还有微调电位器只用到两个引脚。

第三步 检查电路连接无误后，电源正极接VD的正极，电源负极接三极管发射极。此时观察到什么现象？调节RP使其阻值从最大到最小时，同时观察发光二极管LED$_1$和LED$_2$有什么变化？搭接的三极管放大电路如图4.8所示。

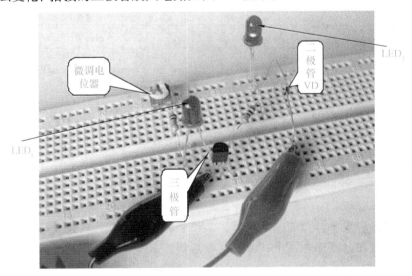

图4.8 搭接的三极管放大电路

2 电路功能调试

三极管放大电路实现的功能是：接通电源后，LED$_1$发光亮度较弱，LED$_2$发光亮度较强；调节 RP 使其阻值逐渐减小，可见 LED$_1$ 发光亮度变化小，而 LED$_2$ 发光亮度较大。这就证明了三极管基极电流的微小变化将引起三极管集电极电流的较大变化（即三极管电流放大作用）。

电路连接后可能不成功，需仔细对照电路图检查及分析故障，并排除故障。其常见故障及可能原因如表 4.3 所示。

表 4.3 三极管放大电路常见故障及可能原因

| 故障现象 | 可能原因 |
|---|---|
| 调节 RP，LED$_2$ 始终不发光 | 1）LED$_2$ 接反；<br>2）VD 接反；<br>3）基极、集电极回路有未接通之处 |
| 调节 RP，LED$_2$ 亮度不变 | 1）RP 接错；<br>2）三极管 3 个电极短路 |
| 调节 RP，LED$_1$ 始终不发光 | 1）LED$_1$ 接反；<br>2）基回电路有未接通之处 |
| 调节 RP，LED$_2$ 亮度变化不大 | 三极管集电极、发射极接反 |

## 4.2.2 操作结果与总结

检查搭接的电路是否正确，并回答以下两个问题（电路搭接成功得 10 分，下面每个问题各 10 分，合计 30 分）。

1）搭接的电路接通电源后有什么现象？为何 LED$_1$ 亮度小而 LED$_2$ 亮度大？

2）调节 RP 时 LED$_2$ 的亮度会发生变化，这是为什么？

## 任务 4.3 检测三极管放大电路

任务描述：

使用指针式万用表检测三极管的各极电位，判断三极管在电路中的工作状态；在调节 RP 时，同时检测基极电流和集电极电流的变化情况，理解三极管的放大作用。

## 4.3.1 实践操作：利用万用表测量电压和电流

器材准备 任务 4.2 搭接成功的三极管放大电路、MF47 型万用表 2 只、一字旋具 1 把。

**1 测量电压**

第一步 取下 RP，调节电位器 RP，使用的阻值为 90kΩ。

第二步 连接好电路，接通 9V 电源。将万用表旋转开关置于直流电压挡，分别测量电源两端电压，二极管 VD 两端电压，并将测量结果填入表 4.4 中。

第三步 如图4.9所示，将黑表笔接电源负极，红表笔分别去测量三极管的基极、发射极、集电极电位，并比较这3个电位的关系。再测量 $R_b$、$R_c$ 两端电压，并由欧姆定律计算出 $I_b$、$I_c$，并将所有测量结果填入表4.4中。

另使用数字万用表的电压挡测量三极电位，比较测量结果。

**表4.4 RP 为90kΩ 时测量三极管放大电路的电压**

| 项目 | 电源两端电压 | VD 压降 | 放大电路测量数据 | | | | |
|---|---|---|---|---|---|---|---|
| | | | $V_c$ | $V_b$ | $V_e$ | $U_{R_b}$ | $U_{R_c}$ |
| 测得电压数值 | | | | | | | |
| 万用表挡位 | | | | | | | |

$V_c$、$V_b$、$V_e$ 的关系：

计算值：$I_b =$ _____ , $I_c =$ _____ 。

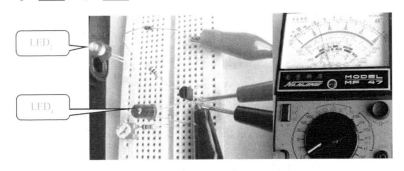

图4.9 测量三极管基极电位

**2 测量电流**

第一步 如图4.10所示，当 RP 使用阻值为90kΩ 时，先断开 $R_c$ 与 LED$_2$ 的连接，把置于5mA 挡的万用表串联于断开处，测量集电极电流，并将测量结果记录于表4.5 中。

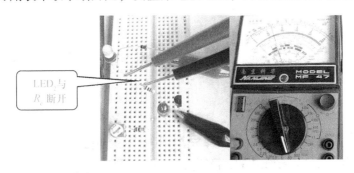

图4.10 测量集电极回路电流

用同样的方法，断开基极回路测量基极电流，断开发射极回路测量发射极电流，将测量结果记录于表4.5 中。分析3 个电流的关系，并与表4.4 中的计算结果进行比较。

用 DT9205 型数字式万用表的电流挡分别测量3 个电极的电流，比较测量结果。

表4.5 RP为90kΩ时测量三极管放大电路各极电流

| $I_b$/μA | $I_c$/mA | $I_e$/mA | 3个电极电流的关系 |
|---|---|---|---|
| | | | |

第二步 首先同时断开基极回路和集电极回路，将一只万用表挡位置于0.05mA挡，串联于基极回路中；另一只万用表挡位置于5mA挡，串联于集电极回路中；然后接通电源，调节RP使基极回路电流分别为0μA、20μA、30μA、40μA、50μA时，测量出对应的集电极电流，并观察两只发光二极管的发光情况，记录测量结果，并填入表4.6中。

表4.6 测量三极管放大电路各电极电流

| $I_b$/μA | 0（断开$R_b$） | 20 | 30 | 40 | 50 |
|---|---|---|---|---|---|
| $I_b$/mA | | | | | |
| 计算$I_b/I_b$ | | | | | |
| 三极管工作状态 | | | | | |
| LED$_1$亮度变化情况 | | | | | |
| LED$_2$亮度变化情况 | | | | | |

### 3 分析电路

1）分析表4.4和表4.5，三极管处于放大状态时，三极管的3个电极间有什么关系？三个电极电流之间有什么关系？

分析 三极管处在放大状态时：

① 对于NPN型三极管，$V_c > V_b > V_e$ 且 $U_{be} \approx 0.7V$。

② 三极管各极电流分配关系满足：$I_b + I_b = I_e$，且基极电流很小。

③ 三极管具有电流放大作用，即 $I_c = \bar{\beta} I_b$。

2）由表4.6可知三极管的交流放大系数 $\beta$。

分析 通过表4.6中的数据计算出 $\Delta I_c / \Delta I_b$ 的值，与万用表测量的 $\bar{\beta}$ 比较，可发现$\beta = \Delta I_c / \Delta I_b$ 与 $\bar{\beta} = I_c / I_b$ 的值几乎相等。

3）通过表4.6中的操作数据可知三极管有3种工作状态，即截止、放大、饱和，它们各有什么特点？

分析 ① 截止区。当$I_b = 0$时，$I_c \approx 0$，此时三极管处于截止状态，相当于三极管内部开路，就如同开关断开，两个发光二极管均熄灭。

② 放大区。LED$_2$会随着LED$_1$的亮度变化而变化，可见$I_c$受$I_b$的控制，$I_c = \bar{\beta} I_b$，三极管具有电流放大作用。

③ 饱和区。当$I_b$增大到一定时，$I_c$不再受$I_b$的控制。三极管进入饱和状态，三极管的集电极与发射极之间压降很小，近似短路，相当于开关闭合。

可见，三极管工作在放大状态时具有"放大"功能，应用于模拟电路中；工作在截止和饱和状态时，具有"开关"特性，应用于脉冲数字电路中。

### 4.3.2 操作结果与总结

通过操作，将检测电路的数据填入表 4.4、表 4.5 和表 4.6 中（表 4.4 每空 0.5 分，表 4.5 每空 1.5 分，表 4.6 每空 1 分。总共 30 分）。

## 知识链接：二极管和三极管

**1 二极管**

二极管又称晶体二极管，是一种非线性元件。二极管显著的特性就是具有单向导电性，在电路中用于整流、开关、隔离、检波、变容、稳压、阻尼、发光及光电转换等。

（1）二极管的结构、类型和外形

二极管由 1 个 PN 结构成，其结构和电路符号如图 4.11 所示，常用字母 D 或 VD 表示。它有两个电极：正极和负极。

图 4.11 二极管的结构和电路符号

对于普通二极管，加正向电压（P 区电位高于 N 区电位）时，若正向电压大于死区电压（硅管约 0.5V，锗管约 0.2V），二极管导通。正常导通情况下，管压降也很小（硅管约 0.7V，锗管约 0.3V）；加反向电压（N 区电位高于 P 区电位）时，随着反向电压的增大，二极管仅有很小的反向电流，此时二极管几乎不导电。这就是二极管的单向导电性。

二极管的种类很多，按制造材料可分为锗二极管、硅二极管、砷化镓二极管；按用途可分为整流二极管、检波二极管、稳压二极管、发光二极管、各种敏感二极管和特殊用途的二极管（如变容二极管、微波二极管等）；按结构可分为点接触型二极管、面接触型二极管等。按封装形式可分为塑封管二极管、金封管二极管和玻璃封装二极管等。几种二极管的外形及特点如表 4.7 所示。

另外，还有特殊二极管，如全桥（半桥）、整流堆二极管、快速恢复二极管、红外接收二极管和双向二极管等，如图 4.12 所示。

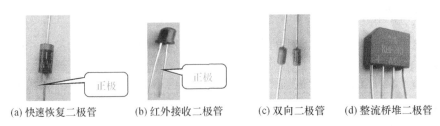

(a) 快速恢复二极管　　(b) 红外接收二极管　　(c) 双向二极管　　(d) 整流桥堆二极管

图 4.12 几种特殊二极管

表 4.7　几种二极管的外形及特点

| 名称 | 普通二极管 | 发光二极管 | 稳压二极管 | 变容二极管 | 光敏二极管 | 贴片二极管 |
|---|---|---|---|---|---|---|
| 外形 |  | | | | | |
| 符号 | ⊳⊢ | ⊳⊢ | ⊳⊦ | ⊳⊦ | ⊳⊢ | 与最左边的符号相同 |
| 用途 | 正向工作。整流、开关、检波等 | 正向通电发光 | 反向应用于稳压 | 反向应用于调谐电路 | 反向工作，实现光控 | 整流、开关、发光、稳压等 |
| 特点 | 整流二极管、检波二极管、开关二极管等 | 有红色、绿色、黄色、红外、激光等发光二极管 | 各种稳压电压值的金封、塑封和玻璃封装稳压管 | 端电压变化其电容量变化，实现调谐 | 将光信号变化转换为电信号变化 | 各种二极管都有贴片式 |

（2）二极管的型号命名

二极管的型号很多，各国的型号命名方法也不尽相同，一般由 5 部分组成。表4.8 是中国对部分二极管的型号命名方法。

例如，"2CP16"表示 N 型硅材料普通二极管。

表 4.8　中国对部分二极管的命名方法

| 第一位数字 | 第二位数字 | 第三位数字 | 第四位数字 | 第五位数字 |
|---|---|---|---|---|
| 2：二极管 | A：N 型，锗材料<br>B：P 型，锗材料<br>C：N 型，硅材料<br>D：P 型，硅材料 | P：普通管　V：微波管　W：稳压管　C：参量管<br>Z：整流管　L：整流堆　S：隧道管　N：阻尼管<br>U：光电器件　T：场效应器件　B：雪崩管<br>J：阶跃恢复管 | 登记序号 | 对原型号的改进 |

（3）二极管的主要参数

1）最大整流电流 $I_F$。最大整流电流是指二极管长期连续工作时允许通过的最大正向电流值。电流过大会使管心过热而损坏。常用的 IN4001～IN4007 型二极管的额定正向工作电流为 1A。

2) 最高反向工作电压 $U_{RM}$。二极管两端的反向电压过高时，二极管会被击穿，失去单向导电能力。为了保证其使用安全，规定了最高反向工作电压值。例如，IN4001 型二极管反向耐压为 50V，IN4007 型二极管反向耐压为 1000V。

3) 反向电流 $I_R$。反向电流是指二极管在反向电压作用下，流过二极管的电流。反向电流越小，二极管的单向导电性能越好。反向电流与温度有着密切的关系，温度每升高大约 10℃，反向电流增大一倍。硅二极管比锗二极管热稳定性更好。

（4）晶体二极管的测试

1) 利用万用表检测普通二极管，并判断二极管正、负极和质量。如图 4.13 所示，将万用表旋转开关置于电阻挡（一般选用 $R \times 100$ 或 $R \times 1k$ 挡），两表笔分别接触二极管的两管脚，测出一个阻值，交换表笔再测一次，又测出一个阻值。正常的二极管测得的结果应一次阻值很大，一次阻值较小。阻值较小的一次，与黑表笔相接的电极为二极管的正极，与红表笔相接的电极为二极管的负极。

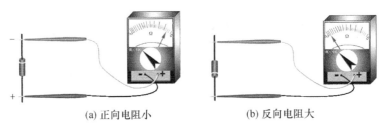

(a) 正向电阻小　　　　　　　　(b) 反向电阻大

图 4.13　测二极管正、反向电阻

如果两次测得的阻值都很小，说明二极管内部短路；若两次测得阻值都很大，则说明二极管内部断路。若两次测得阻值相差不大，说明管子性能很差。出现以上情况时，二极管均不能使用。

通常小功率锗二极管的正向电阻为几百欧，硅管的正向电阻在几千欧左右。根据万用表检测的正向电阻的大小，可初步判断二极管的材料；也可让二极管正常工作，通过测量其导通压降来判断（锗二极管管压降为 0.3V 左右，硅二极管管压降为 0.7V 左右）。

普通硅二极管的反向漏电流性能可用万用表 $R \times 10k$ 挡检测，一般为无穷大。

2) 稳压二极管的检测。一般用万用表的 $R \times 1k$ 挡检测稳压二极管的正、反向电阻，检测方法与普通二极管一样。

估计稳压值可用 $R \times 10k$ 挡（内部电压为 10.5V）来检测，对于稳压值在 10.5V 下以的稳压管，检测其反向电阻时可观察到指针偏转，与普通二极管不同的是，偏转角度越大（阻值越小），说明稳压值越低；而对于稳压值在 11V 以上的稳压管，指针一般不偏转。

3) 敏感二极管的检测。以光敏二极管为例，万用表调至电阻挡（$R \times 1k$）挡，检测结果显示正向电阻不随光照强弱的变化而变化，约为十几千欧，而反向电阻则随光照的变化而变化，无光照时其阻值很大（几百千欧），当光照增强时，反向电阻逐渐减小。

4) 贴片二极管的检测方法与插件式二极管检测方法相同。

### 2 三极管

半导体三极管又称为晶体三极管或三极管，是电子电路中的核心元件，具有"放大"和"开关"功能。

（1）三极管的结构、类型和外形

晶体三极管由两个PN结构成，其结构和电路符号如图4.14所示。常用字母V或VT表示。它具有3个电极，分别是发射极（e）、基极（b）和集电极（c）。

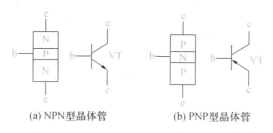

(a) NPN型晶体管      (b) PNP型晶体管

图4.14 晶体三极管的结构和电路符号

三极管按材料可分为硅材料三极管和锗材料三极管；按结构可分为PNP型三极管和NPN型三极管。按工作频率可分高频三极管、低频三极管和开关三极管；按功率大小可分为大功率三极管和小功率三极管；按封装形式可分为塑封三极管、金封三极管和片状三极管。

三极管的外型大小各有不同，常见三极管如表4.9所示。

表4.9 晶体三极管的外形及特点

| 名称 | 塑封小功率三极管 | 金封小功率三极管 | 塑封大功率三极管 | 金封大功率三极管 | 片状三极管 |
|------|------|------|------|------|------|
| 外形 | | | | | |
| 特点 | 各种小功率高、低频管 | 各种小功率高、低频管 | 塑封造价低。功率大，需加合适的散热片 | 功率大，需加合适的散热片 | 引脚短（或无）贴片安装，特性好 |

（2）三极管型号的命名

三极管的型号很多，各国家的型号命名方法也不尽相同，一般由5部分组成。表4.10所示是中国、日本、韩国对部分三极管的型号命名方法。

例如，中国"3AX55C"表示PNP型低频小功率锗管。

日本"2SA1015"表示 PNP 型高频小功率硅管。

韩国"9014"表示 NPN 型高频小功率硅管。

**表 4.10　中国、日本、韩国对部分三极管的型号命名方法**

| 组成<br>国家 | 一<br>序号意义 | 二<br>字母意义 | | 三<br>字母意义 | | 四<br>字母意义 | 五<br>字母意义 |
|---|---|---|---|---|---|---|---|
| 中国 | 3：三极管 | A：PNP 型锗材料<br>B：NPN 型锗材料<br>C：PNP 型硅材料<br>D：低频大功率管 | | X：低频小功率管（fhfb ＜<br>3MHz PC ＜1W）<br>G：高频小功率管（fhfb ≥<br>3MHz PC ＜1W）<br>D：低频大功率管<br>A：高频小大功率管 | | 登记序号 | 对原型号<br>的改进 |
| 日本 | 2：三极管 | S（日本） | | A：PNP 高频　B：PNP 低频<br>C：NPN 高频　D：NPN 低频 | | 登记序号 | 对原型号<br>的改进 |
| 韩国 | 9011<br>NPN型：高频<br>小功率型 | 9012<br>PNP型：低频<br>中功率 | 9013<br>NPN型：低频<br>中功率 | 9014<br>NPN型：高频<br>小功率 | 9015<br>PNP型：高频<br>小功率 | 9016<br>NPN型：超<br>高频小功率 | 9018<br>NPN型：超<br>高频小功率 |

（3）晶体三极管的测试

图 4.15 所示为一些常见三极管的引脚排列。

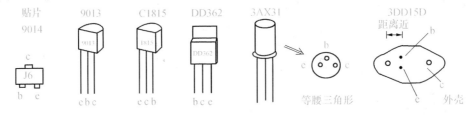

图 4.15　常见三极管引脚排列情况

第一步　判别三极管的基极、管型、材料和质量。

对于 1W 以下的小功率管，选用万用表的 $R×100$ 或 $R×1k$ 挡进行检测，对于 1W 以上的大功率管，则选用 $R×1$ 或 $R×10$ 挡进行检测。

对一般三极管而言，使用万用表的 $R×1k$ 挡，检测三极管的两个引脚之间的阻值，共有 6 次检测值，可以发现，只有两次阻值较小，而其余四次阻值都很大，且在阻值较小的两次检测中万用表的一只表笔始终接在三极管的一个引脚上，该脚即为基极（b），由此现象可判定该三极管正常可用。若接触基极的表笔是黑表笔，则该三极管是 NPN 型；若接触基极的表笔是红表笔，则该三极管是 PNP 型；两次较小的阻值称为正向电阻，阻值在 $1\sim20k\Omega$ 范围内，一般为硅材料；若正向阻值在 $1k\Omega$ 以下，一般为锗材料。

三极管两个引脚间阻值若为 $0\Omega$，说明该三极管的 PN 结被击穿烧毁；若有 3 次以上阻值均较小，则该三极管不可用；若 6 次阻值均为 ∞，说明该三极管开路损坏。

第二步 判别三极管的集电极和发射极。

判别三极管的集电极和发射极的方法较多,一般有以下几种方法。

① 对于低耐压(50V 以下)的三极管,可用指针式万用表的 $R \times 10k$ 挡测量集电极和发射极之间阻值,交换两表笔可测得两次阻值,可发现有一次阻值相对小些。在阻值小的那次检测中,NPN 型三极管黑表笔接的是发射极(e),红表笔接的是集电极(c);PNP 型三极管则相反,即红表笔接发射极,黑表笔接集电极。此方法还可用于判断三极管的反向漏电流,可由阻值相对小的一次检测来反映。

② 依据三极管的放大能力判别集电极和发射极,可用 $R \times 1k$ 挡检测。以 NPN 型三极管为例,假设余下两个引脚中有一个引脚为集电极,将万用表的黑表笔接集电极,红表笔接另一个引脚。然后,在假设集电极和基极之间加上一个人体电阻,如图 4.16 所示。这时注意观察表针的偏转情况,记录表针偏转的位置。交换表笔,假设引脚中另一个脚为集电极,仍在假设集电极和基极之间加上人体电阻,观察表针的偏转位置。在两次假设中,指针偏转大的一次(阻值小的一次),黑表笔所接电极是集电极,另一引脚是发射极。

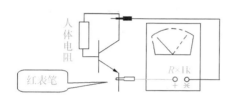
(a) NPN型三极管的c、e极判断方法

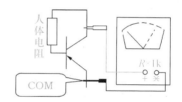
(b) PNP型三极管的c、e 极判断方法

图 4.16 集电极和发射极的判别

对于 PNP 型三极管,黑表笔接假设发射极,仍在基极和假设的集电极之间加人体电阻,观察指针的偏转大小,指针偏转大的一次,黑表笔接的是发射极。

用此法可估计三极管的放大系数,在假设成立的一次,指针偏转越大,该三极管的电流放大倍数 $\bar{\beta}$ 就越大。

第三步 检测直流放大倍数 $\bar{\beta}$。

可使用万用表的 $h_{FE}$ 挡测量三极管的直流放大倍数 $\bar{\beta}$。

贴片三极管的检测方法与上述检测方法相同。

## 项目实训评价:搭接与检测三极管放大电路操作综合能力评价

| 评定内容 | 配分 | 评定标准 | | 小组评分 | 教师评分 |
|---|---|---|---|---|---|
| 任务 4.1 | 25 | 表4.2 中,错 1 空扣 1 分 | 完成时间 | | |
| 任务 4.2 | 30 | 1)电路搭接不成功,扣 10 分;<br>2)回答问题基本正确,扣 5 ~ 10 分 | 完成时间 | | |

续表

| 评定内容 | 配分 | 评定标准 | | 小组评分 | 教师评分 |
|---|---|---|---|---|---|
| 任务4.3 | 30 | 1）表4.4中，错1空扣0.5分；<br>2）表4.5中，错1空扣1.5分；<br>3）表4.6中，错1空扣1分 | 完成时间 | | |
| 安全文明操作 | 5 | 1）工作台不整洁，扣1~2分；<br>2）违反安全文明操作规程，扣1~5分 | | | |
| 表现、态度 | 10 | 好，得10分；较好，得7分；一般，得4分；差，得0分 | | | |
| 总得分 | | | | | |

做一做

1. 认识5种以上不同类型的二极管，并使用MF47型万用表进行检测，将数据填入表4.11中。

提示：正向电阻是黑表笔接二极管正极、红表笔接二极管负极时的阻值；反向电阻是红表笔接二极管正极、黑表笔接二极管负极时的阻值。反向漏电流的检测通过反向电阻值体现，填写反向电阻即可。

表4.11 识别与检测二极管

| 序号 | 二极管型号 | 识别情况 | | 一般检测 | | | | 特殊检测 |
|---|---|---|---|---|---|---|---|---|
| | | 主要用途 | 外形示意图（标示管脚名称） | 万用表挡位 | 正向电阻 | 反向电阻 | 材料 | 反向漏电流（阻值）$R \times 10k$挡 |
| 1 | 1N4007 | | | | | | | |
| 2 | 2CP16 | | | | | | | |
| 3 | 2AP10 | | | | | | | |
| 4 | 稳压二极管C7V5 | | | | | | | |
| 5 | M7 | | | | | | | |
| 例 | FR107 | 快速恢复二极管 | — ▮ + | $R \times 1k$ | $6 k\Omega$ | ∞ | 硅 | ∞，说明$I_R$小 |

2. 认识5种以上的三极管，并用指针式万用表进行检测，将数据填入表4.12中。

表4.12 识别与检测三极管

| 序号 | 三极管型号 | 识别情况 | | 一般检测 | | 特殊检测 | | |
|---|---|---|---|---|---|---|---|---|
| | | 外形示意图（标示管脚名称） | 万用表挡位 | 类型 | | 材料 | $\bar{\beta}$ | $I_{CEO}$（阻值） |
| 1 | 9013 | | | | | | | |
| 2 | 9015 | | | | | | | |
| 3 | S1815 | | | | | | | |

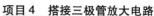

续表

| 序号 | 三极管型号 | 识别情况 | | 一般检测 | | 特殊检测 | | |
|---|---|---|---|---|---|---|---|---|
| | | 外形示意图（标示管脚名称） | 万用表挡位 | 类型 | 材料 | $\bar{\beta}$ | $I_{CEO}$（阻值） |
| 4 | A1015 | | | | | | | |
| 5 | 贴片三极管 2T | | | | | | | |
| 例 | 9014 | S9014<br>e b c | $R \times 1k$ | NPN | 硅 | 350 | ∞ |

注：① 三极管的穿透电流 $I_{CEO}$ 用 $R \times 10k$ 挡测量，对于 NPN 型三极管，黑表笔接集电极，红表笔接发射极，写出其阻值即可；对于 PNP 型三极管则相反。

② 三极管的直流放大倍数 $\bar{\beta}$ 可用万用表的 $h_{FE}$ 挡测量。

③ 贴片三极管 2T 是 9012 的代号。

想一想

1. 三极管在电路中一般起什么作用？

2. 二极管在电路中起什么作用？

3. 如何通过指针式万用表判断三极管的 3 个电极？

三极管是一种电流控制型器件，配合传感器件，即可实现自动控制。如图 5.1 所示，在照相机自动曝光电路中应用了光敏电阻器。光控路灯中也使用了光敏电阻器。

本项目将搭接和检测一个光控电路，光控电路原理图如图 5.1 所示。

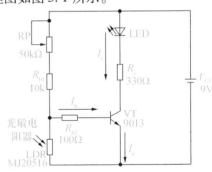

图 5.1  光控电路

RP、$R_{b1}$ 为基极上偏置电阻，调节 RP 可改变基极电流大小；$R_c$ 为集电极负载电阻。LED 为集电极电路导通程度指示灯；VT 为三极管，具有电流放大作用。光敏电阻器 LDR 为基极下偏置电阻。

工作原理：光控电路中光敏电阻 LDR 的阻值会随光照的强弱而发生变化，从而改变三极管的基极电流，控制集电极电流的变化，发光二极管亮度随之变化。在有光照时，

LDR 阻值较小，分流大，调节 RP 可使三极管处于微导通状态，LED 将发出微光；当光敏电阻器受光照的强度减弱时，LDR 阻值增大，分流减小，基极电流增大，三极管导通程度增大，LED 的亮度增大。可见，三极管相当于一个受控的可变电阻器。

## 任务 5.1 识别与检测光控电路的元器件

任务描述：

如图所示的光控电路用到了电池、电阻器、发光二极管、电位器、三极管和光敏电阻器。本任务主要识别与检测光敏电阻器，并将电路所有元器件识别与检测情况填入表5.2中。

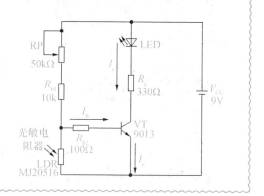

### 5.1.1　实践操作：识别与检测光敏电阻器

器材准备　本任务所需器材如表5.1所示。

表5.1　光控电路所需器材

| 元器件 | $10k\Omega$ $0.25W$ 电阻器 1 只，$330\Omega$ $0.25W$ 电阻器 1 只，$100\Omega$ $0.25W$ 电阻器 1 只，$50k\Omega$ 带滑动触点电位器 1 只，红色 $\phi5$ 发光二极管 1 只，S9013 型三极管 1 只，MJ20516 型光敏电阻器 1 只，9V 叠层电池 1 节 |
| --- | --- |
| 其他材料 | 有鳄鱼夹的电池扣 1 套，SYB – 120 型面包板 1 块 |
| 仪表 | MF47 型万用表 1 只，DT9205 型数字式万用表 1 只 |

第一步　识别光敏电阻器。

光敏电阻器，一般用 LDR 表示，其实物外形与内部结构、电路符号如图5.2所示。其种类、结构、参数和工作原理见知识链接。

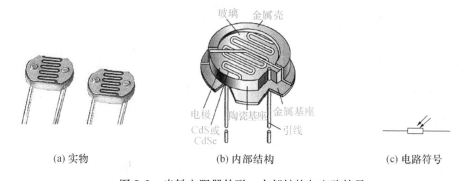

图5.2　光敏电阻器外形、内部结构与电路符号

第二步　检测光敏电阻器。

如图 5.3 所示，将指针式万用表置于 $R \times 100$ 挡，分别接触光敏电阻器两端，在有光照时检测阻值为几百欧姆（亮电阻）；在无光照时将指针式万用表置于 $R \times 10k$ 挡检测，阻值很大（暗电阻）；还可观察到检测中光敏电阻器的阻值会随光照强度的减小而增大。光敏电阻器的质量检测方法见知识链接。

(a) 测亮电阻          (b) 测暗电阻

图 5.3　检测光敏电阻器的阻值

## 5.1.2　操作结果与总结

将识别与检测光控电路中元器件的有关数据填入表 5.2 中（三极管 VT 4 分，其余元器件各 3 分，共 25 分）。

提示：$R_{be}$ 表示黑表笔接 b 极，红表笔接 e 极；$R_{eb}$ 表示黑表笔接 e 极，红表笔接 b 极。

### 表 5.2　光控电路的元器件识别、检测

| 代号 | 元件名称 | 规格/型号 | 外形示意图<br>（有极性需标示） | 检测 | | 质量 |
|---|---|---|---|---|---|---|
| | | | | 表挡位 | 测量结果 | |
| $R_{b1}$ | | 10kΩ<br>0.25W | （颜色） | | 实测阻值： | |
| $R_{b2}$ | | 100Ω<br>0.25W | （颜色） | | 实测阻值： | |
| $R_c$ | | 330Ω<br>0.25W | （颜色） | | 实测阻值： | |
| RP | | 50kΩ 有柄 | | | | |
| LED | | $\phi$5 红色 | | | 正向阻值：<br>反向阻值： | |
| $V_{CC}$ | | 9V | | | 实测电压值： | |
| VT | | S9013 | | $R \times 1k$ | $R_{be} =$　$R_{bc} =$　$R_{cb} =$　$R_{cb} =$ | |
| | | | | $R \times 10k$ | $R_{ce} =$　$R_{ec} =$ | |
| | | | | $R \times 10$ | $\beta =$ | |

续表

| 代号 | 元件名称 | 规格/型号 | 外形示意图（有极性需标示） | 检测 | | 质量 |
|---|---|---|---|---|---|---|
| | | | | 表挡位 | 测量结果 | |
| LDR | 光敏电阻器 | MJ20516 | | | 最小亮电阻：<br>最大暗电阻： | |

## 任务 5.2　搭接光控电路

任务描述：

将电阻器、发光二极管、电位器、三极管、光敏电阻器按光控电路原理图所示的关系搭接在面包板上。接通电源后，光照情况下 LED 熄灭，光暗情况下 LED 发光。

### 5.2.1　实践操作：搭接与调试光控电路

器材准备　如表 5.1 所示器材。

1　搭接电路

第一步　设计合理的布局示意图，如图 5.4 所示。

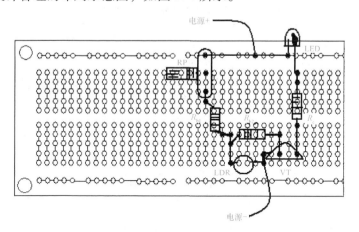

图 5.4　光控电路连接示意图

第二步　在面包板上依据光控电路原理图搭接电路，如图 5.5 所示。

注意发光二极管的正、负极，三极管的基极、集电极、发射极，电位器只用到了两个引脚。

第三步　检查无误后，接通电源，电源正极接 LED 的正极，电源负极接三极管发射极（e）。在光敏电阻器有光照时调节 RP 使 LED 微微发光，然后用手遮挡光敏电阻器，观察有何现象发生。

图 5.5　搭接的光控电路

2　电路功能调试

光控电路实现的功能是：接通电源，在有光照的情况下，调节 RP 电位器使 LED 微微发光，此时用手渐渐靠近光敏电阻器，使光敏电阻器的受光强度减弱，可见 LED 逐渐变亮。这就证明了光敏电阻器对光的敏感特性。光敏电阻器对光的强度检测（传感）把光信号转换为电信号，从而控制三极管的导通程度，使 LED 的发光亮度发生变化。

电路连接后可能不能实现功能，需仔细对照电路图检查及分析故障，并排除故障。其常见故障及可能原因如表 5.3 所示。

表 5.3　光控电路常见故障及可能原因

| 故障现象 | 可能原因 |
| --- | --- |
| LED 始终不发光，不受光控 | 1）LED 接反；<br>2）RP 接错造成开路；<br>3）三极管接错开路，或基极回路未接通 |
| LED 始终发光，不受光控 | 1）光敏电阻器 LDR 开路未接入电路中；<br>2）三极管接错；<br>3）RP 阻值在最小位置 |
| LED 受光控不明显 | 三极管的集电极与发射极接反 |

## 5.2.2　操作结果与总结

检查搭接的电路并回答以下两个问题（电路搭接成功得 10 分，下面每个问题各 10 分，合计 30 分）。

1）搭接的电路接通电源后有什么现象？为何发光二极管的发光亮度会受光敏电阻器的影响？

2）当光敏电阻器在一定光照下，调节 RP 时，发光二极管的亮度为什么会变化？

## 任务 5.3 检测光控电路

**任务描述：**

使用万用表测量搭接成功的光控电路的电压、电流，理解光敏电阻器、三极管如何工作。

### 5.3.1 实践操作：测量光控电路的相关参数

器材准备　任务5.2 搭接成功的光控电路，MF47 型万用表1只。

1 测量电路初始状态参数

第一步　在有光照的情况下，调节电位器 RP 使发光二极管 LED 微亮。将万用表旋转开关置于 2.5V 或 10V 直流电压挡，黑表笔接电源负极，红表笔去测量三极管的基极电位 $V_b$；并测量光敏电阻器两端电压 $U_{LDR}$，测量方法如图 5.6 所示，并将测量数据填入表5.4中。

图 5.6　测量光控电路光照时基极电位（0.43V）

第二步　光照情况下，LED 微亮。如图 5.7 所示，用电流挡测量三极管基极电流 $I_b$、集电极电流 $I_c$，将测量结果填入表 5.4 中。

2 测量电路动态参数

将两只万用表旋转开关置于 1mA 或 50μA 直流电流挡，串联于基极和集电极回路中，然后用手或黑色物体慢慢遮住光敏电阻器，而后慢慢移开手或黑色物体，仔细观察两表的读数及变化情况。

用相同的方法测量三极管的基极电位 $V_b$ 的变化情况，以及光敏电阻器两端电压 $U_{LDR}$ 的变化情况。将所有测量结果填入表 5.4 中。

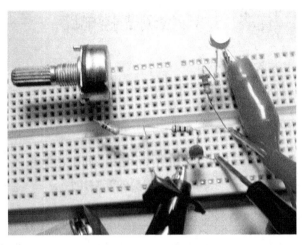

图 5.7　测量光控电路集电极回路暗电流（14mA）

**3**　测光敏电阻器完全不受光照时各参数

用手或黑色物体遮住光敏电阻器，让其完全不受光照。用万用表分别去测量三极管的基极电位 $V_b$、光敏电阻器两端电压 $U_{LDR}$，以及基极电流 $I_b$、集电极电流 $I_c$，并将测量结果填入表 5.4 中。

表 5.4　光控电路检测表

| 测试项目 | 三极管 VT 的基极电位 $V_b$ | 光敏电阻器两端的电压 $U_{LDR}$ | 基极电流 $I_b$ | 集电极电流 $I_c$ | 发光二极管的发光情况 |
|---|---|---|---|---|---|
| 电路初始状态（不遮光） | | | | | |
| 用手或黑色物体慢慢遮住光敏电阻器（变化情况） | | | | | |
| 光敏电阻器完全不受光照 | | | | | |

### 5.3.2　操作结果与总结

通过操作，将检测电路的数据填入表 5.4 中，再回答以下两个问题（每空 1 分，第 1 小题 8 分，第 2 小题 7 分。总共 30 分）。

1）光敏电阻器的受光照的强度与两端电压 $U_{LDR}$ 的关系是什么？与基极电位有什么关系？与三极管的导通程度有什么关系？

2）光敏电阻器受光越暗，为什么发光二极管的越亮？

## 知识链接：光敏电阻器

**1**　光敏电阻器的工作原理与结构

光敏电阻器又称为光导管，它几乎是由半导体材料制成的光电器件。光敏电阻器没有极性，纯粹是一个电阻器件，使用时既可加直流电压，也可以加交流电压。无光照时，光敏电阻器的阻值（暗电阻）很大，电路中的电流（暗电流）很小。当光敏电阻器受到一定波长范围的光照时，其阻值（亮电阻）急剧减少，电路中的电流迅速增大。一般希望暗电阻越大越好，亮电阻越小越好，此时光敏电阻器的灵敏度高。

光敏电阻器通常由光敏层、玻璃基片（或树枝防潮膜）和电极等组成，图5.8所示为光敏电阻器的结构示意图，它是涂于玻璃底板上的一薄层半导体物质，半导体的两端装有金属电极，金属电极与引出线端相连接，光敏电阻器就通过引出线端接入电路。为了防止周围介质的影响，在半导体光敏层上覆盖了一层漆膜，漆膜的成分可以使它在光敏层最敏感的波长范围内透射率最大。光敏电阻器在电路中用字母 LDR 表示。

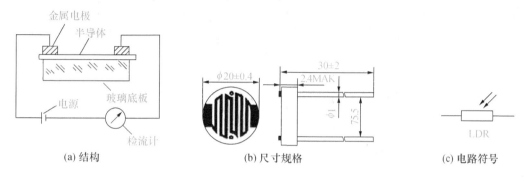

(a) 结构　　　　　　　　(b) 尺寸规格　　　　　　　　(c) 电路符号

图5.8　光敏电阻器的结构、尺寸规格及电路符号

### 2　光敏电阻器的种类

光敏电阻器按封装形式分为金属壳密封型和不带外壳的非密封型；按材料分为多晶光敏电阻器和单晶光敏电阻器，还可分为硫化镉（CdS）、硒化镉（CdSe）、硫化铅（PbS）、硒化铅（PbSe）和锑化铟（InSb）光敏电阻器等。

### 3　光敏电阻器的主要参数

1）亮电阻（kΩ）：光敏电阻器受到光照射时的电阻值。

2）暗电阻（MΩ）：光敏电阻器在无光照射（黑暗环境）时的电阻值。

3）最高工作电压（V）：光敏电阻器在额定功率下所允许承受的最高电压。

4）亮电流：光敏电阻器在规定的外加电压下受到光照射时所通过的电流。

5）暗电流（mA）：在无光照射时，光敏电阻器在规定的外加电压下通过的电流。

6）时间常数（s）：光敏电阻器从光照跃变开始到稳定亮电流的63%时所需的时间。

7）电阻温度系数：光敏电阻器在环境温度改变1℃时，其电阻值的相对变化。

8）灵敏度：光敏电阻器在有光照射和无光照射时阻值的相对变化。

### 4　光敏电阻器的特性及应用

光敏电阻器是利用半导体光电导效应制成的一种特殊电阻器，对光线十分敏感，其阻值能随着外界光照强弱（明暗）的变化而变化。它在无光照射时，呈高阻状态；在有光照射时，其电阻值迅速减小。

光敏电阻器响应快，结构简单，使用方便，而且有较高的可靠性，因此广泛应用于各种自动控制电路（如自动照明灯控制电路、自动报警电路等）、家用电器（如电视机中的亮度自动调节、照相机的自动曝光控制等）、各种测量仪器及单片机控制系统中。

### 5　光敏电阻器的检测

光敏电阻器受光照强时其阻值小，受光照弱时其阻值大，无正负极，一般亮电阻为几千欧以下，暗电阻可达几兆欧。亮电阻可用 $R \times 100$ 挡检测，暗电阻用 $R \times 10k$ 检测。

1）将光源对准光敏电阻器的透光窗口，此时阻值（亮电阻）较小，此值越小说明光敏电阻器性能越好。若此值很大甚至无穷大，则说明光敏电阻器内部开路损坏，不能正常使用。

2）用黑纸片将光敏电阻器的透光窗口遮住，此时阻值很大（暗电阻）。此值越大说明光敏电阻器性能越好。若此值很小或接近零，则说明光敏电阻器已被击穿损坏，不能正常使用。

3）用黑纸片在光敏电阻器的遮光窗口上部晃动，其阻值应忽大忽小。

---

**知识拓展：敏感电阻器**

敏感电阻器可作为传感器使用，敏感电阻器主要是指电特性（如电阻率）对于温度、电压、光通、湿度、气体浓度、磁通密度等物理量表现敏感的元件，常见种类有热敏电阻器、压敏电阻器、光敏电阻器、湿敏电阻器、气敏电阻器及磁敏电阻器等，由于它们几乎是由半导体材料制成的，因此这类电阻器也称为半导体电阻器。它们的电路符号如图5.9所示。

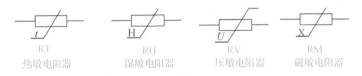

| RT | RH | RV | RM |
| --- | --- | --- | --- |
| 热敏电阻器 | 湿敏电阻器 | 压敏电阻器 | 磁敏电阻器 |

图5.9　敏感电阻器的电路符号

> **小提示：** 传感器是一种物理装置，能够探测、感受外界的信号、物理条件（如光、热、湿度）或化学组成（如烟雾），并将探知的信息传递给其他装置。

### 1　热敏电阻器

热敏电阻器是对热敏感的半导体电阻器，其阻值随温度变化的曲线呈非线性。热敏电阻器按照温度系数的不同分为正温度系数（PTC）热敏电阻器和负温度系数（NTC）热敏电阻器。正温度系数（PTC）热敏电阻器在温度越高时电阻值越大，负温度系数（NTC）热敏电阻器在温度越高时电阻值越低。

（1）PTC 热敏电阻器

当超过一定的温度（居里点）时，PTC 热敏电阻器的电阻值随着温度的升高呈阶跃性的增高。它是以 $BaTiO_3$、$SrTiO_3$ 或 $PbTiO_3$ 为主要成分的烧结体，PTC 热敏电阻器的温度系数、居里点随材料及烧结条件（尤其是冷却温度）的不同而变化。图 5.10 所示为常用 PTC 热敏电阻器。

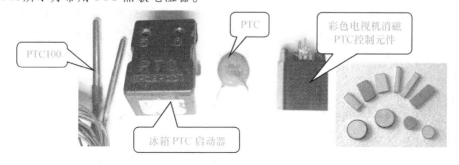

图 5.10　常用 PTC 热敏电阻器

PTC 热敏电阻器的电阻值随温度的升高而急剧升高，可作为加热元件和开关元件，称之为"热敏开关"。电流通过元件引起温度升高，即发热体的温度上升，当超过居里点后，阻值增加，从而限制电流增加，于是电流的下降导致元件温度降低，阻值的减小又使电路电流增加，元件温度升高，周而复始，因此具有使温度保持在特定范围的功能，又起到开关作用。利用这种阻温特性可制成加热源（如作为加热元件应用的有暖风器、电烙铁、烘衣柜及空调等），还可对电器起到过热保护作用。

检测 PTC 热敏电阻器时，由于不同的热敏电阻器在常温下阻值不同，可先将万用表旋转开关置于 $R \times 10$ 挡，表笔接触元件两个引脚，注意手不要接触到元件及其引脚，以免影响检测结果；然后可用电烙铁对 PTC 热敏电阻器加热，可见阻值急剧增大，此时可转换挡位测量。一般正常的 PTC 热敏电阻器在常温下阻值较小，高温时阻值很大。

（2）NTC 热敏电阻器

NTC 是指随温度上升电阻以指数关系减小。它是利用锰、铜、硅、钴、铁、镍、锌等两种或两种以上的金属氧化物经过充分混合、成型、烧结等工艺制成的半导体陶瓷。图 5.11 为常用 NTC 热敏电阻器。

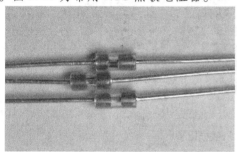

图 5.11　常用 NTC 热敏电阻器

NTC 热敏电阻器具有负的温度系数，即温度增大时其阻值减小，温度下降时阻值增大，主要用于温度补偿、温度测量和在各类电源中吸收浪涌电流作为线路保护元件。

检测 NTC 热敏电阻器时，由于不同的热敏电阻器在常温下的阻值不同，可先将万用表旋转开关置于 $R \times 1k$ 挡，表笔接触元件两个引脚（**注意：手不要接触到元件及其引脚，以免影响检测结果**）；然后可用电烙铁对 NTC 热敏电阻器加热，可见阻值急剧减小，此时可减小挡位测量。有条件的话可降低 NTC 热敏电阻器的温度，测量到其阻值应增大。一般正常的 NTC 热敏电阻器常温下阻值较大，高温时阻值会减小，低温时阻值会增大。

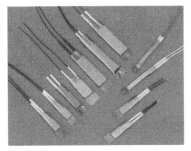

图 5.12　CRT 热敏电阻器

**（3）CTR 热敏电阻器**

CTR 热敏电阻器具有负电阻突变特性，在某一温度下，阻值随温度的增加激剧减小，具有很大的负温度系数。CTR 热敏电阻器的构成材料是钒、钡、锶、磷等元素氧化物的混合烧结体，是半玻璃状的半导体，故也称 CTR 热敏电阻器为玻璃态热敏电阻器。CTR 热敏电阻器广泛应用于控温报警等领域。图 5.12 所示为 CRT 热敏电阻器。

**2　压敏电阻器**

压敏电阻器是具有非线性伏安特性并有抑制瞬态过电压作用的固态电压敏感元件。当端电压低于某一阈值时，压敏电阻器的电流几乎等于零；超过此阈值时，电流值随端电压的增大而急剧增加。也就是，电压低时其等效电阻很大（几乎开路）；而当电压瞬间增大超过其自身阈值时，等效电阻为零，短路设备输入端，从而达到保护电器设备的目的。

压敏电阻器的制作材料一般有 $ZnO$、$Fe_2O_3$、$TiO$ 等金属氧化物。图 5.13 为压敏电阻实物。

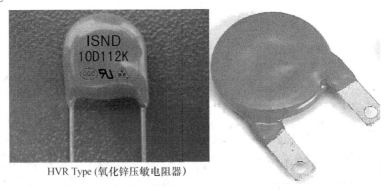

HVR Type（氧化锌压敏电阻器）

图 5.13　压敏电阻器

压敏电阻器主要用于限制有害的大气过电压和操作过电压，能有效地保护系统或设备。用氧化锌压敏材料制成高压绝缘子，既有绝缘作用，又能实现瞬态过电压保护。此外，压敏电阻器在电子电路中可用于避雷、消火花、消噪声、稳压和函数变换等。

压敏电阻器可用万用表的 $R \times 10k$ 挡检测，一般为无穷大，损坏的压敏电阻器的阻值为0，须更换。

### 3 湿敏电阻器

湿敏电阻器是对湿度变化非常敏感的电阻器，能在各种湿度环境中使用，它是将湿度转换成电信号的换能器件。正温度系数湿敏电阻器的阻值是随湿度的增高而增大。在录像机中使用的就是正温度系数湿敏电阻器。其实物及结构如图5.14所示。

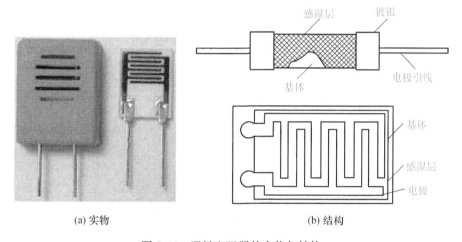

(a) 实物        (b) 结构

图5.14 湿敏电阻器的实物与结构

湿敏电阻器由感湿层、电极及基体构成，按阻值变化的特性可分为正温度系数湿敏电阻器和负温度系数湿敏电阻器；按其制作材料又可分为陶瓷湿敏电阻器、高分子聚合物湿敏电阻器和硅湿敏电阻器等。

湿敏电阻器的常用型号有 S 01 – A、MS 01 – B1、MS 01 – B2 和 MS 01 – B3。这4种型号的湿敏电阻器的工作电压都在 8 ~ 12V，测湿范围都在 20% ~ 98% RH（相对湿度）。MS 04 型湿敏电阻器的工作电压是 5 ~ 10V，测湿范围是 30% ~ 90% RH，是一种阻值随环境湿度变化而明显变化的湿敏元件。

### 4 气敏电阻器

气敏电阻器是对气体浓度变化非常敏感的电阻器，它是将某些气体浓度转换成电信号的换能器件。气敏电阻器种类较多，广泛应用于酒精浓度检测、煤气浓度检测、天然气浓度检测、瓦斯浓度检测及烟雾浓度检测等，一般为多个引脚的元件，图5.15所示为气敏电阻器的烧结体、内部结构和外形实物。

电子产品制作与技能训练

(a) 烧结体　　　　　　　(b) 内部结构　　　　　　　(c) 外形实物

图 5.16　气敏电阻器的烧结体、内部结构和外形实物

## 项目实训评价：搭接与检测光控电路操作综合能力评价

| 评定内容 | 配分 | 评定标准 | | 小组评分 | 教师评分 |
|---|---|---|---|---|---|
| 任务 5.1 | 25 | 表 5.2 中，错 1 空扣 1 分 | 完成时间 | | |
| 任务 5.2 | 30 | 1）电路搭接不成功，扣 10 分；<br>2）回答问题基本正确，扣 5～10 分 | 完成时间 | | |
| 任务 5.3 | 30 | 1）表 5.4 中，错 1 空扣 1 分；<br>2）回答问题基本正确，扣 3～7 分 | 完成时间 | | |
| 安全文明操作 | 5 | 1）工作台不整洁，扣 1～2 分；<br>2）违反安全文明操作规程，扣 1～5 分 | | | |
| 表现、态度 | 10 | 好，得 10 分；较好，得 7 分；一般，得 4 分；差，得 0 分 | | | |
| 总得分 | | | | | |

做一做

认识 5 种以上不同类型的敏感电阻器，将识别与检测情况填入表 5.5 中。

表 5.5　敏感电阻器识别与检测

| 序号 | 识别情况 | | | 平常条件下 | | 特殊条件下 | | 质量 |
|---|---|---|---|---|---|---|---|---|
| | 名称 | 主要用途 | 外形示意图 | 万用表挡位 | 阻值 | 万用表挡位 | 阻值 | |
| 1 | PTC 热敏电阻器 | | | | （常温） | | （70℃） | |
| 2 | NTC 热敏电阻器 1 | | | | （常温） | | （70℃） | |
| 3 | NTC 热敏电阻器 2 | | | | （常温） | | （70℃） | |
| 4 | 压敏电阻器 | | | | （正常电压） | | （损坏时） | |
| 5 | 湿敏电阻器 | | | | （湿度小） | | （湿度大） | |
| 6 | 气敏电阻器 | | | | （无酒精） | | （有酒精） | |
| 例 | 光敏电阻器 | 光控、光测、光电转换 | | $R \times 100$ | （亮光下）300Ω | $R \times 10k$ | （暗环境）2MΩ | 可用 |

———————————— 想一想 ————————————

1. 光敏电阻器在光控电路中起什么作用?
2. 三极管在光控电路中起什么作用?
3. 如何检测光敏电阻器的质量?
4. 常见的敏感电阻器有哪些? 各有什么特点?

# 项目 6
# 制作简易电路

## 教学目标

### 知识目标 ☞

1. 掌握电子元器件在电路板上的插装工艺。
2. 掌握电子元器件在电路板上的焊接工艺。
3. 了解常见的拆焊方法。

### 技能目标 ☞

1. 学会电子元器件在电路板上的插装技术。
2. 学会电子元器件在电路板上的焊接技术。
3. 学会在万能板元件面合理布局元器件，以及在焊接面规范布线。
4. 能用万能板成功制作电子产品。

前面 5 个项目都使用面包板搭接电路，不需焊接、插装工艺，只要搭接正确就能实现电路功能。本项目将使用插装工艺和焊接工艺，在万能板上制作电位器调光电路、电容器充电与放电电路、三极管放大电路、光控电路，模仿实际电子产品制作过程。

万能板制作电子电路的一般工作流程如下。

认识电路原理图，列元器件及材料清单，准备工具和仪表。制作电路装配图（准备） → 选用、识别、检测电路元器件，判断质量和性能（检测元器件） → 按插装和焊接工艺要求，插装、焊接元器件，并剪切多余引脚（插装与焊接） → 根据原理图关系在焊接面焊接电路，检查后，通电验证电路功能（焊面走线）

## 任务 6.1 插装与焊接电位器调光电路

任务描述：

将电阻器、电位器、开关和发光二极管插装在万能板上，再通过焊接技术按电位器调光电路原理图焊接，实现相应功能。

### 6.1.1 实践操作：制作电位器调光电路

**器材准备** 本任务所需准备器材如表6.1所示，所需工具实物如图6.1所示。

表6.1 制作电位器调光电路所需器材

| | |
|---|---|
| 元器件 | 1.5kΩ 0.25W 电阻器1只，红色 $\phi$5 发光二极管1只，50kΩ 带滑动触点的电位器1只，自锁按钮开关1只，9V 叠层电池1节 |
| 其他材料 | 有鳄鱼夹的电池扣1套，单孔万能板（70mm×90mm）1块 |
| 仪表 | MF47型万用表1只 |
| 工具 | 35W 电烙铁焊接工具（含电烙铁架、松香、焊锡丝、海绵适量）1套，斜口钳、镊子、$\phi$4 一字旋具、锉刀、直尺、尖嘴钳各1把，细砂纸少量 |

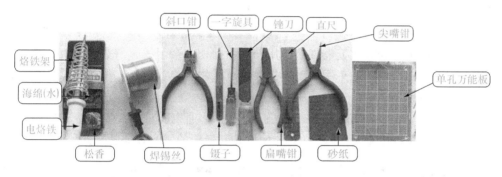

图6.1 插装与焊接电位器调光电路所需工具和万能板

第一步 准备。认识如图6.2（a）所示的电位器调光电路，清点、认识所需元器件。

第二步 制作装配图。在单孔万能板的元件面设计装配图（可先在草稿纸上设计），其布局如图6.2（b）所示。由各元器件的封装外形可知自锁开关在万能板上占9个孔位、电阻器占5个孔位、带滑动触点的电位器占18个孔位，发光二极管占5个孔位。

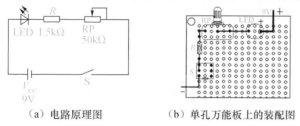

（a）电路原理图      （b）单孔万能板上的装配图

图6.2 电位器调光电路

第三步 元器件的检测与整理。使用万用表电阻挡检测4个元器件的质量、极性，判断其是否正常可用；若元器件引脚上有氧化物，需用镊子或细砂纸打磨，去除氧化物。对于电阻，按占5个孔位对称弯曲两个引脚，其余元件引线不必弯曲。

第四步 插装元器件。如图6.2（b）所示，卧式贴板插装电阻器，第1环在上方；自锁开关的标记在上方，贴板直立插装；发光二极管直立插装在电路板上，正极在右，离板高度3mm左右；电位器手柄在外，引脚贴板直插在电路板上，如图6.3（a）所示。

（a）电位器调光电路元件面布局　　　　（b）电位器调光电路走线图

图6.3　单孔万能板插装与焊接电位器调光电路

第五步　焊接元器件。用一块软布垫住元件，翻转一面进行焊接；在焊接面使用电烙铁把元器件焊接在焊盘上。采用五步焊接法进行焊接，参见知识链接。

注意：每个焊点焊接时间控制在2s左右，若焊盘上有氧化物需用细砂纸轻轻去除。

第六步　焊面走线。焊接元器件后，用斜口钳剪切多余引线，留头约1mm；然后用剪下的引线按如图6.2所示的原理图关系焊接各焊点，做到走线最近，横平竖直；焊面走线如图6.3（b）所示。

第七步　功能实现。检查无误后，接通9V电源，通电验证电路功能。通过控制开关S能控制发光二极管的亮和灭；调节RP能使发光二极管的发光强弱随之变化。

### 6.1.2　操作结果与总结

| 评定内容 | 配分 | 评定标准 | 小组评分 | 教师评分 |
|---|---|---|---|---|
| 电路功能 | 10 | 1）不能控制电路通断，扣5分<br>2）不能调节发光二极管亮度，扣5分 | | |
| 元件面布局 | 2 | 元器件布局不合理，扣1~2分 | | |
| 插装工艺 | 3 | 元器件插装不合工艺要求，每处扣1分 | | |
| 焊接工艺 | 5 | 焊接点不符合焊接工艺要求，每处扣0.5分 | | |
| 总得分 | | | | |

## 任务 6.2　插装与焊接电容器充电与放电电路

任务描述：

将电阻器、电位器、拨动开关、发光二极管、电容器插装在万能板上，并按电容器充放电电路原理焊接在万能板上，实现相应功能。

### 6.2.1　实践操作：制作电容器充电与放电电路

器材准备　本任务所需准备器材如表6.2所示。

表6.2　制作电容器充放电电路所需器材

| 元器件 | 2kΩ 0.25W 电阻器2只，红色φ5发光二极管1只，绿色φ5发光二极管1只，拨动开关1只，2200μF 50V 电容器1只，9V叠层电池1节 |
|---|---|
| 其他材料、仪表、工具 | 与任务6.1所需相同 |

第一步　准备。认识如图6.4（a）所示的电容器充放电电路原理图，清点、认识所需元器件。

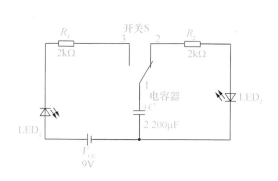

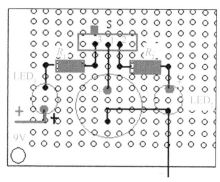

（a）电路原理图　　　　　　　　　　（b）单孔万能板上的装配图

图6.4　电容器充放电电路

第二步　制作装配图。在单孔万能板的元件面设计装配图（可先在草稿纸上设计），布局参考图如图6.4（b）所示。由各元器件的封装外形，可知发光二极管在万能板上占5个孔位，拨动开关占4个孔位，电阻器各占5个孔位，电容器约占30个孔位。

第三步　元器件的检测与整理。使用万用表电阻挡检测6个元器件的质量、极性，判断其是否正常可用；若元器件引脚上有氧化物，需用镊子或细砂纸打磨，去除氧化物。对于电阻器按占5个孔位对称弯曲两引脚，其余元件引线不必整形。

第四步　插装元器件。如图6.4（b）所示，卧式贴板插装电阻器，第1环在左方；拨动开关贴板直立插装；发光二极管直立插装在电路板上，离板高度为3mm左右；电容器贴板直插在电路板上，如图6.5（a）所示。

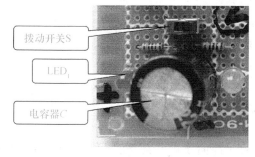

（a）电容器充电与放电电路元件面布局　　　（b）电容器充电与放电电路走线图

图6.5　插装焊接电容器充电与放电电路

第五步　焊接元器件。用一块软布垫住元件，翻转一面进行焊接；采用五步焊接法进

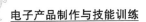

行焊接，每个焊点焊接时间控制在 2s 左右。

第六步　焊面走线。焊接元器件后，用斜口钳剪切多余引线；再用剪下的引线焊接线路；焊面走线如图 6.5（b）所示。

第七步　功能实现。检查无误后，接通 9V 电源，通电验证电路功能：拨动开关 S 向左（图 6.5）拨动时，发光二极管 $LED_1$ 发光亮度最大，然后慢慢减弱直至熄灭；然后拨动开关 S 向右拨动，发光二极管 $LED_2$ 发光亮度最大，然后慢慢减弱直至熄灭。

## 6.2.2　操作结果与总结

| 评定内容 | 配分 | 评定标准 | 小组评分 | 教师评分 |
|---|---|---|---|---|
| 电路功能 | 10 | 1）充电电路不能正常工作，扣5分；<br>2）放电电路不能正常工作，扣5分 | | |
| 元件面布局 | 3 | 元器件布局不合理，扣1~2分 | | |
| 插装工艺 | 4 | 元器件插装不合工艺要求，每处扣1分 | | |
| 焊接工艺 | 5 | 焊接点不符合焊接工艺要求，每处扣0.5分 | | |
| 总得分 | | | | |

---

## 任务 6.3　插装与焊接三极管放大电路

**任务描述：**

　　将电阻器、电位器、三极管、发光二极管和二极管插装在万能板上，并按三极管放大电路原理焊接在万能板上，实现相应功能。

### 6.3.1　实践操作：制作三极管放大电路

**器材准备**　本任务所需准备器材如表 6.3 所示。

表 6.3　插装与焊接三极管放大电路所需器材

| 元器件 | 10kΩ 0.25W 电阻器 1 只，200Ω 0.25W 电阻器 1 只，500kΩ 微调电位器 1 只，红色 φ5 发光二极管 2 只，1N4148 二极管 1 只，S9014 三极管 1 只，9V 叠层电池 1 节 |
|---|---|
| 其他材料、仪表、工具 | 与任务 6.1 所需相同 |

第一步　准备。认识如图 6.6（a）所示的三极管放大电路原理图，清点、认识所需元器件。

第二步　制作装配图。在单孔万能板的元件面设计装配图（可先在草稿纸上设计），布局参考图如图 6.6（b）所示。由各元器件的封装外形可知，发光二极管在万能板上约各占 5 个孔位，微调电位器占 9 个孔位，电阻器各占 5 个孔位、二极管占 4 个孔位、三极管约占 6 个孔位。

第三步　元器件的检测与整理。使用万用表电阻挡检测 7 个元器件的质量、极性，判

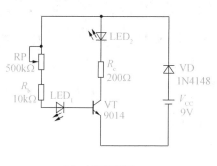

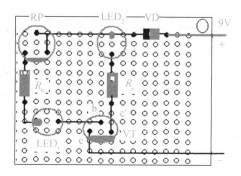

（a）电路原理图　　　　　　　　　（b）单孔万能板上的装配图

图6.6　三极管放大电路

断其是否正常可用；若元器件引脚上有氧化物，需用镊子或细砂纸打磨，去除氧化物。对于电阻器，按占5个孔位对称弯曲两个引脚，对于二极管，按占4个孔位对称弯曲两个引脚，其余元件引线不必整形。

第四步　插装元器件。如图6.6（b）所示，卧式贴板插装电阻器，第1环在上方；二极管VD卧式贴板插装，负极在左方；电位器直插贴板；发光二极管直插在电路板上，LED$_1$正极在左，LED$_2$正极在上，离板高度为3mm左右；三极管跨排式直插在电路板上，引线出头离板为4mm。插装后的布局如图6.7（a）所示。

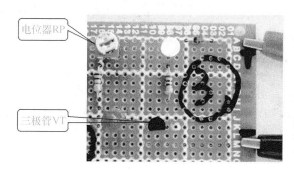

（a）三极管放大电路元件面布局　　　　　（b）三极管放大电路走线图

图6.7　单孔万能板插装焊接三极管放大电路

第五步　焊接元器件。用一块软布垫住元器件，翻转一面进行焊接；采用五步焊接法进行焊接，每个焊点焊接时间控制在2s左右。

第六步　焊面走线。焊接元器件后，用斜口钳剪切多余引线；再用剪下的引线焊接线路；焊面走线如图6.7（b）所示。

第七步　功能实现。检查无误后，接通9V电源，通电验证电路功能；接通电源后，LED$_1$很暗，LED$_2$较亮；然后调节RP，LED$_1$亮度变化较小，而LED$_2$亮度变化却较大。这证明三极管具有电流放大作用。

### 6.3.2 操作结果与总结

| 评定内容 | 配分 | 评定标准 | 小组评分 | 教师评分 |
| --- | --- | --- | --- | --- |
| 电路功能 | 10 | 1）不符合 LED$_1$ 很暗，LED$_2$ 较亮扣 3 分；<br>2）调节 RP，LED$_2$ 亮度不随 RP 的变化而变，扣 3 分；<br>3）LED$_2$ 亮度变化较小，扣 4 分 | | |
| 元件面布局 | 3 | 元器件布局不合理，扣 1~2 分 | | |
| 插装工艺 | 4 | 元器件插装不合工艺要求，每处扣 1 分 | | |
| 焊接工艺 | 5 | 焊接点不符合焊接工艺要求，每处扣 0.5 分 | | |
| 总得分 | | | | |

## 任务 6.4 插装与焊接光控电路

**任务描述：**

将电阻器、电位器、二极管、三极管、发光二极管、光敏电阻器插装在万能板上，并按光控电路原理焊接在万能板上，实现相应功能。

### 6.4.1 实践操作：制作光控电路

**器材准备** 本任务所需准备器材如表 6.4 所示。

**表 6.4 制作光控电路所需器材**

| 元器件 | 10kΩ 0.25W 电阻器 1 只，330Ω 0.25W 电阻器 1 只，100Ω 0.25W 电阻器 1 只，50kΩ 电位器 1 只，红色 φ5 发光二极管 1 只，S9013 三极管 1 只，MJ20516 光敏电阻器 1 只，9V 叠层电池 1 节 |
| --- | --- |
| 其他材料、仪表、工具 | 与任务 6.1 所需相同 |

**第一步** 准备。认识如图 6.8（a）所示的光控电路原理图，清点、认识所需元器件。

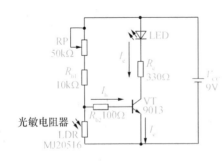

（a）电路原理图

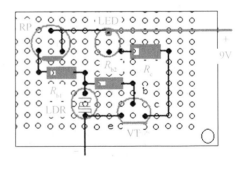

（b）单孔万能板上的装配图

图 6.8 光控电路

第二步　制作装配图。在单孔万能板的元件面设计装配图（可先在草稿纸上设计），布局参考图如图 6.8（b）所示。由各元器件的封装外形可知，发光二极管在万能板上占 5 个孔位，电位器约占 9 个孔位，电阻器各占 5 个孔位，三极管约占 6 个孔位，光敏电阻器占 3 个孔位。

第三步　元器件的检测与整理。使用万用表电阻挡检测 7 个元器件的质量、极性，判断其是否正常可用；若元器件引脚上有氧化物，需用镊子或细砂纸打磨，去除氧化物。对于电阻器，按占 5 个孔位对称弯曲两引脚，其余元件引线不必整形。

第四步　插装元器件。如图 6.8（b）所示，卧式贴板插装 3 只电阻器，第 1 环在左方；电位器直插贴板；发光二极管直插在电路板上，LED 正极在上，离板高度为 3mm 左右；三极管跨排式直插在电路板上，离板为 4mm；直插光敏电阻器，离板约 6mm。插装后效果如图 6.9（a）所示。

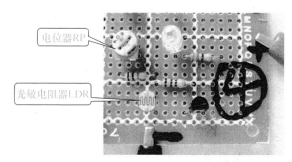

（a）光控电路元件面布局　　　　　（b）光控电路焊接面走线图

图 6.9　单孔万能板插装与焊接光控电路

第五步　焊接元器件。用一块软布垫住元器件，翻转一面进行焊接；采用五步焊接法进行焊接，每个焊点焊接时间控制在 2s 左右。

第六步　焊面走线。焊接完所有器件后，用斜口钳剪切多余引线；再用剪下的引线焊接线路；焊面走线图如图 6.9（b）所示。

第七步　功能实现。检查无误后，接通 9V 电源，通电验证其电路功能：有一般光照时，调节 RP 能将 LED 调亮调灭，将其调灭后，用手遮挡光敏电阻器，可发现 LED 逐渐变亮。

## 6.4.2　操作结果与总结

| 评定内容 | 配分 | 评定标准 | 小组评分 | 教师评分 |
|---|---|---|---|---|
| 电路功能 | 10 | 1）LED 在一般光照时不能调亮调灭，扣 5 分；<br>2）遮挡光线时 LED 不能变亮，扣 5 分 | | |
| 元件面布局 | 3 | 元器件布局不合理，扣 1~2 分 | | |
| 插装工艺 | 4 | 元器件插装不合工艺要求，每处扣 1 分 | | |
| 焊接工艺 | 5 | 焊接点不符合焊接工艺要求，每处扣 0.5 分 | | |
| 总得分 | | | | |

## 知识链接：元器件在电路板上的手工插装工艺和手工焊接工艺

### 1 元器件在电路板上的手工插装工艺

（1）元器件手工成型的工艺要求

元器件在插装前需对元器件引线进行成型加工，而在手工焊接技术和自动焊接技术中对元器件引出线成型的要求不同。这里主要介绍手工焊接技术中元器件成型的工艺要求。

1）元器件引线成型前，需对引脚进行处理。处理过程如下：引线的校直→表面清洁→上锡（若引脚已上锡，可不再上锡）。

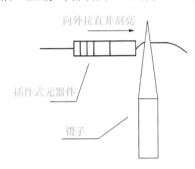

图 6.10　引线拉直处理示意图

用镊子夹持元器件引线，从根部向外拉直，并反复摩擦刮掉引线表面的氧化物，使引线表面光亮，引线拉直处理示意图如图 6.10 所示。元器件引线较直，表面已上锡且光亮时，可省略引线预加工。

2）引线处理及成型后，引线弯曲部分不允许出现模印、压痕和裂纹。

3）引线成型过程中，元器件本体不应产生破裂，表面封装不应损坏或开裂。

4）引线成型形状与尺寸，应由电路板孔距决定，要符合安装尺寸的要求。

5）凡是有标记的元器件，引线成型后，其型号、规格、标志符号应向上、向外，方向应一致，以便于目视识别。

6）元器件成型弯曲处离元器件封装根部不小于 1.5mm；元器件成型弯曲处要有圆弧形，其半径不得小于引线直径的 2 倍。

下面介绍引线型元器件的成型要求。

① 轴向引线型元器件。此类元器件如电阻器、二极管等在插装时有卧式安装和立式安装两种形式，卧式安装的元器件引线成型工艺要求如图 6.11 所示，立式安装的元器件引线成型工艺要求如图 6.12 所示。

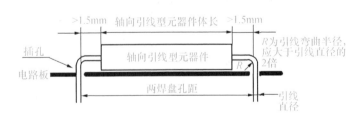

图 6.11　轴向引线型元器件卧式安装成型要求

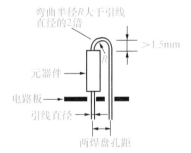

图 6.12　轴向引线型元器件立式安装成型要求

要求主要有两点:一是引线不应在根部弯曲,离根部 1.5mm 以外距离处弯曲,具体弯曲点由安装孔实际距离决定;二是弯曲处不能呈直角,必须有一定弧度,半径大于引线直径的 2 倍。

② 径向引线型元器件。此类元器件如发光二极管、三极管、电容器等的成型方式有多种,要根据具体情况而定。

发光二极管的成型工艺要求,一般如图 6.13 所示,由安装孔距决定两引线是否成型,需成型时用镊子先将发光二极管的引线在距引线根部 1~2mm 处向外弯曲,再由电路板实际孔距大小确定引线弯曲尺寸。

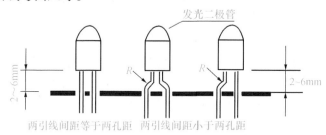

图 6.13  发光二极管引线成型要求

电容器引线成型的工艺要求,如图 6.14 所示。对于直立插装电容器,当两孔距与电容器两引线距离相等时,不用成型,拉直引线即可;而当两孔距大于电容器两引线距离时,先用镊子将电容的引线拉直,然后向外弯曲成 60°倾斜即可。对于卧式安装的电容器,用镊子在离引线根部约 5mm 处,分别将两引线弯曲成约 90°(注:对体积大的电容器可采用卧式安装,这样不仅可以减小高度,而且便于粘胶或绑带固定)。

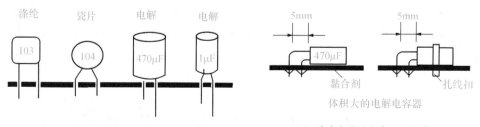

(a)直立插装(立式)的电容器引线成型　　　　(b)卧式安装的电容器引线成型

图 6.14  电容器插装有立式和卧式两种

三极管引线成型工艺要求。对直排式插装的三极管,先用镊子将每只三极管的 3 根引线拉直,再将两边引线向外弯曲成 60°倾斜即可,如图 6.15(a)所示。

对跨排式插装的三极管,先用镊子将每只三极管的 3 根引线拉直,再将中间引线向前或向后弯曲成 60°倾斜即可,如图 6.15(b)所示。

(2)插件式元器件在印制电路板上插装工艺要求

插件式元器件在印制电路板上的插装工艺要求如下:

1)元器件在印制电路板上的分布应尽量均匀,疏密一致,排列整齐美观,不允许斜排、立体交叉和重叠排列。

2)安装原则一般为:先低后高,先轻后重,先易后难,先一般元器件后特殊元器件。

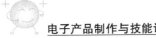

（a）直排式插装的三极管引线成型　　　（b）跨排式插装的三极管引线成型

图 6.15　三极管插装有直排式和跨排式两种

3）有安装高度的元器件要符合规定要求，统一规格的元器件应尽量安装在同一高度上。

下面介绍引线型元器件插装工艺的高度要求。

① 轴向引线型元器件。此类元器件如电阻器、二极管等一般有卧式插装和立式插装两种形式，由电路板孔距决定。小功率元器件一般采用贴板插装（离板高度小于1mm），如图 6.16 所示。插装色环电阻器时需注意，所有电阻器的第一色环均在一方。

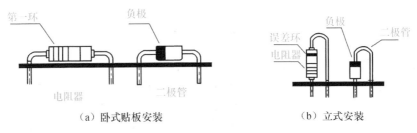

（a）卧式贴板安装　　　　　　　　　　（b）立式安装

图 6.16　轴向引线型元器件插装要求

对于卧式安装的大功率元器件（0.5W 以上的）一般采用悬空安装，这样便于散热。离板高度视具体情况而定，一般离板高度为 2~6mm。实际产品中电阻器、二极管的插装方式如图 6.17 所示。

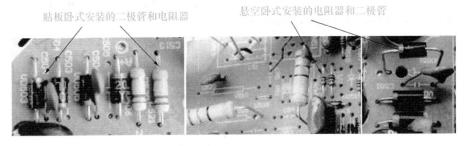

图 6.17　电阻器与二极管的安装形式

② 径向引线型元器件。如电解电容器、瓷片电容器、涤纶电容器、三极管等径向引线型元器件一般采用垂直电路板直插安装的形式。对于电解电容器，电路板孔距与引线距离相同，一般是贴板直插，电路板孔距大于引线距离，离板高度1mm 左右直插。对涤纶电容器这类无极性电容，一般离板 2~3mm 垂直插装，标示字符在便于观察一方插装。它们的插装高度要求如图 6.18 所示。

对于瓷片电容器，安装高度离板 1~2mm，高度要一致，且标示字符置于便于观察的

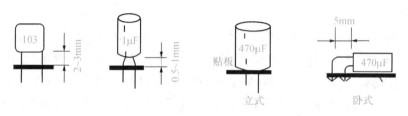

（a）涤纶电容器　　（b）小电解电容器　　（c）电解电容器(立式)　　（d）电解电容器(卧式)

图6.18　涤纶电容器和电解电容器插装工艺要求

一方，三极管一般采用垂直插装，方式有直排式和跨排式，安装高度离板 3～4mm，安装高度要一致，对准相应电极直插，要求如图 6.19 所示。

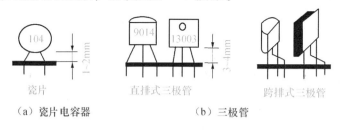

（a）瓷片电容器　　　　　　　　　（b）三极管

图6.19　瓷片电容器和三极管直立插装的工艺要求

图 6.20 所示为实际产品中电容器、三极管的安装形式。

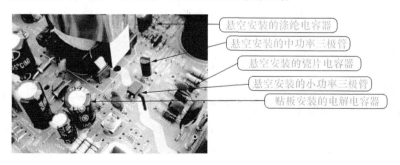

图6.20　插件式电容器、三极管的安装形式

### 2　元器件在电路板上的手工焊接工艺

**（1）焊接材料**

在手工焊接中，焊接材料的质量直接影响焊接的质量。焊接材料主要是指连接金属的焊料（如焊锡丝）和清除金属表面氧化物的焊剂（如松香）。

1）焊料。能熔合两种以上的金属使其成为一个整体，而且熔点较被熔金属低的金属或合金都可做焊料。用于电子整机产品焊接的焊料一般为锡铅合金焊料，称为"焊锡"。

锡（Sn）是一种银白色、质地较软、熔点为 232℃ 的金属，易与铅、铜、银、金等金属反应，生成金属化合物，在常温下有较好的耐腐蚀性。

铅（Pb）是一种灰白色、质地较软、熔点为 327℃ 的金属，与铜、锌、铁等金属不相

熔，抗腐蚀性强。

由于熔化的锡具有良好的浸润性，而熔化的铅具有良好的热流动性，将它们按适当的比例组成的合金就可作为焊料，这种焊料可以使焊接面和被焊金属紧密结合成一体。根据锡和铅的不同比例，可以配制不同性能的锡铅合金材料。其中共晶焊料配比为含锡61.9%、铅38.1%，熔化温度为183℃。这种焊料因熔点低，电气和机械性能良好而被广泛用于电子整机产品的焊接中。常用的焊锡组成和用途如表6.5所示。

表6.5　常用的焊锡组成和用途

| 分类 | 组成 | 一般用途 |
| --- | --- | --- |
| 管状焊锡丝 | 助焊剂夹在焊锡管中，与焊锡一起制作成管状（通常称为焊锡丝） | 适用于手工焊接 |
| 抗氧化焊锡 | 锡铅合金中加入少量的活性金属，以保护焊锡不被继续氧化 | 适用于浸焊、波峰焊 |
| 含银焊锡 | 锡铅焊料中加少量的银 | 适用于镀银焊件的焊接 |
| 焊膏 | 由焊粉、有机物和溶剂组成，并制成糊状物 | 表面贴装回流焊中使用 |
| 焊粉 | | 调节和控制焊膏的黏性 |

2）焊剂。焊接操作通常都在大气中和高温条件下进行，因此焊锡和被焊件的表面会产生氧化物、硫化物和其他的污染物，为防止在加热过程中焊锡和被锡金属继续氧化，并帮助焊锡浸润、扩展和焊点合金的生成，通常要用到焊剂。焊剂是一种焊接的辅助材料，故又称为助焊剂。

焊剂可分为无机类、有机类、松香基焊剂三大类。

① 无机类焊剂：如盐酸、磷酸、氧化锌、氧化铵等。其化学作用强，助焊性能非常好，但腐蚀作用很大，在电子设备的焊接中是严禁使用的。

② 有机类焊剂：如甲酸、乳酸、乙二胺、树脂合成类等焊剂。这类焊剂由于有含酸值较高的成分，因此有较好的助焊性能、可焊性高，但有一定程度的腐蚀性，残渣不易清洗干净，且存在污染问题，在电子设备的焊接中受到了一定限制。

③ 松香基焊剂：松香基焊剂是一种传统的焊剂。在加热的情况下，具有去除被焊件表面氧化物的能力，从而达到助焊的目的；同时松香又是高分子物质，焊接后形成的膜层具有覆盖焊点，保护焊点不被氧化腐蚀的作用，焊后的清洗较容易，焊接时污染较小，故在电子产品的装配焊接中被广泛应用。

（2）影响焊点质量的因素

手工焊接是利用电烙铁加热焊料和被焊金属，实现金属间牢固连接的一项焊接工艺技术。在电子产品装配的补焊、维修、实验中占十分重要的位置，因此手工焊接技能依然是电子技术人员必备的技能。要想手工焊接质量好，操作者必须知道一个合格的焊点形成的过程。

1）合格焊点形成过程。

① 浸润：当焊接部位达到焊接的工作温度时，首先帮助焊剂熔化，然后焊锡熔化并

与被焊工件和焊盘表面接触。

②流淌：液态的焊锡在毛细现象的作用下充满了整个焊盘和焊缝，将焊剂排出。

③合金：流淌的焊锡与被焊工件和焊盘表面产生合金（只发生在表面）。

④凝结：移开电烙铁，温度下降，液态焊锡冷却凝固变成固态从而将工件固定在焊盘上。

可见，只有焊料完全浸润被焊金属，才能形成合格的焊点，这与焊接面是否清洁，焊接工具是否合适，焊接材料的质量、温度、加热时间有关。

2）合格焊点的保证条件。

①焊接表面要保持清洁。对元器件的引线、焊接片、接线柱等一般可用锯条片、小刀或镊子反复刮净被焊面的氧化层；而对于印制板的氧化层则可用细砂纸轻轻打磨。

②选择合适的焊锡、焊剂、电烙铁。对于各种导线、焊接片、接线柱间的焊接及印制电路板上焊盘等较大的焊点一般选用 $\phi$1.0mm 左右较粗焊锡，而对于元器件引线及较小的印制电路板焊盘等则选用 $\phi$0.5mm 左右较细焊锡。

如果被焊接金属被氧化较为严重，或焊接点较大则选用松香酒精焊剂，而对于氧化程度较小或焊点较小则选用中性焊剂。

对于各种导线、焊接片、接线柱间的焊接及印制电路板上焊盘等较大的焊点一般选用较大功率的电烙铁；而对于一般焊点则选用较小功率的电烙铁如25W、35W 等。

③焊接时要有一定的焊接温度。焊接温度过高则焊点发白，无金属光泽，表面粗糙；焊接温度过低则焊锡不能流满焊盘，造成虚焊。适合电路板的焊接温度一般为250℃左右。

④焊接的时间要适当。加热时间过长则可能造成元器件损坏，焊接缺陷，印制板铜箔脱离，焊点拉尖；加热时间过短则容易产生冷焊，焊点表面裂缝和元器件松动等达不到焊接的要求。所以，应根据被焊件的形状、大小和性质来确定焊接时间。在选用 35W 电烙铁时，印制电路板的一般的焊点焊接时间为 2～3s。

（3）手工焊接方法

1）焊接的操作姿势。一般情况下，电烙铁与鼻子的距离应该不少于20cm，通常以30cm 为宜，并要有吸走烟雾的设备。

电烙铁有 3 种握法，即正握式、反握式及握笔式握法，如图 6.21 所示。反握式适于大功率电烙铁的操作；正握式握法适于中功率电烙铁或带弯头电烙铁的操作；一般在操作台上焊接印制板等焊件时，多采用握笔式握法。

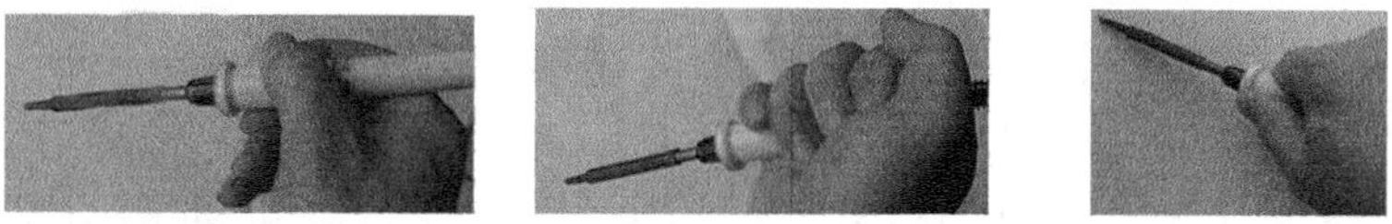

（a）握笔式　　　　（b）反握式　　　　（c）正握式

图 6.21　电烙铁的 3 种握法

2）手工焊接方法。手工焊接方法一般有五步法和三步法，表 6.6 所示是五步法的焊

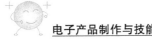

接工艺流程。

焊接中要注意以下几点：

① 严禁用嘴吹或其他强制冷却方法快速冷却焊点，且在焊料完全凝固前不能移动被焊件，以防产生假焊现象。

② 对于热容量小的焊件，可以简化为3步操作，即准备施焊→同时加热焊件与熔化焊锡→形成合格焊点后同时移去焊锡丝和电烙铁。

③ 一定注意安全使用电烙铁，要防止烫伤人或损坏设施设备。

表6.6 五步法的焊接工艺流程

| 焊接操作流程 | 操作示意图 | 操作分解 |
| --- | --- | --- |
| ① 准备施焊 | | 将元器件引脚插入电路板通孔中，右手握着已通电的电烙铁，左手拿焊丝，进入备焊状态。要求电烙铁头部保持干净，在焊面应镀有一层薄薄的焊锡。如图6.22（a）、（b）所示 |
| ② 加热焊件 | | 当电烙铁温度到达250℃左右时，电烙铁头部同时接触焊盘与元件引线，要有一定的接触面和压力，加热整个焊件，如图6.22（c）所示 |
| ③ 送入焊锡丝 | | 被加热处温度到达250℃以上时（时间大约为2 s），从电烙铁对面送入焊锡丝接触被焊处，熔化并浸润焊点。（**注意：不要把焊锡丝送到电烙铁头上！**）如图6.22（d）所示 |
| ④ 移开焊锡丝 | | 当熔化的焊锡能完全浸润整个被焊点时，迅速移开焊锡丝，如图6.22（e）所示 |
| ⑤ 移开电烙铁形成合格焊点 | | 焊锡完全浸润整个焊接点，形成合格焊点时（焊点中有青烟冒出），迅速向右上45°方向移开电烙铁，自然冷却焊点，结束焊接。整个过程大约3~4s，如图6.22（f）所示 |

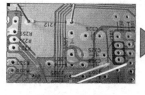
（a）在印制电路板焊接面焊接

（b）准备施焊

（c）加热焊件

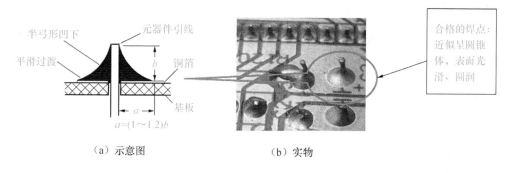

（f）移开电烙铁形成合格焊点　　　（e）移开焊锡丝　　　　　（d）送入焊锡丝

图 6.22　五步焊接法操作过程

（4）合格焊点的检查与焊点的修复

1）合格焊点的要求。

① 具有一定的机械强度。要求焊点有足够的机械强度，故焊点要饱满，但不能使用过多的焊锡，避免焊锡堆积出现短路和桥接现象。

② 保证良好、可靠的电气性能。出现虚焊、假焊现象时，焊锡与被焊物表面没有形成合金，只是依附在被焊物金属表面，导致焊点的接触电阻增大，影响整机的电气性能，有时电路会出现时断时通的现象。

③ 具有一定的大小、光泽和清洁美观的表面。焊点的外观应美观光滑、圆润，焊锡应充满整个焊盘，并与焊盘大小比例适中。

合格焊点的形状如图 6.23 所示，焊点外形应光滑、圆润、大小适中。焊点近似圆锥体且表面稍微凹陷，呈漫坡状，以焊接导线为中心，对称成裙形展开，焊角小于 30°；表面平滑，有金属光泽；无裂纹、针孔、夹渣。

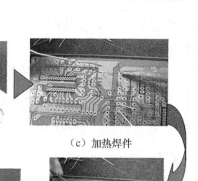

半弓形凹下　　元器件引线

平滑过渡

$b$

铜箔

基板

$a=(1\sim1.2)b$

（a）示意图　　　　　　（b）实物

合格的焊点：近似呈圆锥体，表面光滑、圆润

图 6.23　合格的焊点

2）对照表 6.7 比较焊接中不合格的焊点，并能分析其原因，找出解决办法。

3）焊点修复。对不合格焊点可以修复，焊点小的可以补焊，焊点大的需要修理，在

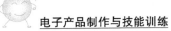

修复时先将电烙铁头部的焊锡在松香里清洗一下，然后甩下电烙铁上多余的焊锡，将电烙铁对准焊接部位进行加热，焊锡熔化后，多余的焊锡就会跑到电烙铁头部，如果焊点较大的话可以多重复几次，直到焊点达到大小均匀即可，可以参照图6.23。

表6.7　不合格焊点的外形、特点及原因

| 焊点外形 | 外观特点 | 原因分析 | 后果 |
|---|---|---|---|
|  | 焊料过多，表面呈凸形 | 撤离焊锡丝过迟 | 浪费焊料，易造成焊连，可能隐藏缺陷 |
|  | 焊料过少 | 撤离焊锡丝过早 | 机械强度不够，易松动开路 |
|  | 焊料未流满焊盘 | 焊料流动性不好；助焊剂不足或质量差 | 强度不够，易松动 |
|  | 出现拉尖 | 加热时间过长；没有助焊剂；电烙铁撤离角度不当 | 外观不佳，易造成桥接 |
|  | 松动 | 焊料未凝固时引线移动；引线表面氧化物未处理好 | 导通不良或不导通 |
|  | 虚焊 | 焊盘或引脚表面有氧化物，未清理干净；焊剂差；加热不充分 | 强度低，电路时通时不通 |

### 知识拓展：　拆焊技术

当焊接中出现错焊或维修电路板时，均使用到拆焊技术，下面简单介绍一下拆焊工具和拆焊方法。

1　常用的拆焊工具及其使用方法

常见的手工拆焊工具有与电烙铁配合使用的辅助工具和专用拆焊工具。

（1）与电烙铁配合使用的拆焊工具

1）空心针管。可用医用针管改装，市场上也有出售维修专用的空心针管，如图6.24所示。使用时，先用电烙铁加热焊点，待焊锡熔化后，再用比元器件引脚大0.4mm的空心针管，套住元器件引线垂直插到底，来回转动针管，并移开电烙铁，待焊料冷却后，拔出针头，从而将引脚与焊盘分离。

2）镊子。拆焊时，可选用尖端头的不锈钢镊子，如图6.25所示，它可以用来夹持元器件引线。使用时，先用电烙铁加热焊点，待焊锡熔化后，再用镊子拉出元器件的引线或移开贴片元件。

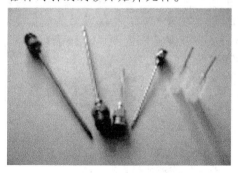

图6.24　空心针管

图6.25　镊子

3）吸锡带或多股铜线。专业的吸锡带如图6.26所示，使用时放在待拆点上加热，熔化的焊锡因为毛细作用而被吸走。也可利用多股铜导线制成，使用时先稍微捻紧，让助焊剂浸透吸铜丝，放在待拆点上，用电烙铁加热吸锡带和焊点，待焊点熔化后，所有的焊锡就被吸附在吸锡带上，从而使引线与焊盘分离。

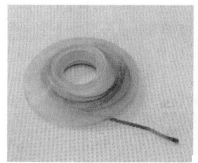

图6.26　吸锡带

4）真空吸锡器。常见的吸锡器如图6.27所示，真空吸锡器是靠橡皮气囊或真空气阀来吸取焊锡。使用时先将吸锡压杆压下，再用电烙铁加热焊点，待焊锡熔化后，迅速移开电烙铁头部，与此同时用吸锡器的吸锡嘴套住需拆焊的元器件引脚，快速垂直插到底，按下吸锡按钮完成吸锡动作，利用真空吸力将锡吸入吸锡电烙铁内，可反复几次吸完焊点上的焊锡。真空吸锡器多用于插件式元器件的拆焊。应注意及时清除吸锡器内的锡渣。

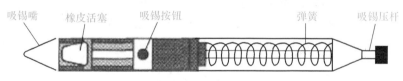

吸锡嘴　　橡皮活塞　　吸锡按钮　　　　　　弹簧　　　吸锡压杆

（a）结构示意图

（b）实物

图6.27　吸锡器

(2) 专用拆焊工具

1) 吸锡电烙铁。如图6.28所示,吸锡电烙铁是将电烙铁与无发热芯的吸锡器合二为一,它与普通电烙铁的区别是其电烙铁头部是空心的,而且多了一个吸锡装置。使用时,首先通电加热电烙铁,再将吸锡压杆压下,加热焊点,待焊锡完全熔化后,吸嘴没入焊锡中,同时按下吸锡按钮完成吸锡动作,可反复几次吸完焊点上的焊锡。

(a) 电动吸锡器          (b) 手动吸锡电烙铁

图 6.28  吸锡电烙铁

2) 专用烙铁头。专用烙铁头如图6.29所示,其中,图6.29(a)所示的烙铁头适用于拆焊双列直插式集成电路,图6.29(b)所示的烙铁头适用于拆焊四列扁平式集成电路,图6.29(c)所示的烙铁头是专用烙铁与烙铁头的配合使用,图6.29(d)所示的烙铁头适用于拆焊多个焊点的元器件,图6.29(e)所示的烙铁头适用于拆焊双列扁平式集成电路。

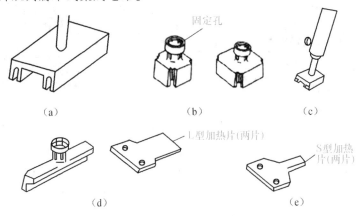

图 6.29  专用电烙铁头拆焊工具

3) 热风工作台。

① 热风工作台的结构。热风工作台(也称热风枪)是用热风作为加热源的半自动设备,既可用于拆焊,又可用于焊接。热风工作台外形如图6.30所示,一般用于贴片式元器件的拆焊,加热温度旋钮置于刻度"4"左右,将吹风强度旋钮置于刻度"3"左右。

使用时,可根据不同尺寸、不同封装的集成电路芯片,选用不同的热风嘴,其中针管状热风嘴使用较多。

图6.30 热风工作台外形

② 热风工作台的拆焊方法。用热风工作台拆焊的方法是：先根据所拆器件选择合适的热风嘴，调节好加热温度旋钮位置和吹风强度旋钮位置，通电并接通电源开关；当热风温度达到焊锡熔化温度时，将热风嘴对准器件引脚吹送热风；待器件上所有引脚焊点全部熔化后，用镊子将器件夹离电路板。用针管状热风嘴拆焊集成电路时，要按照图6.31所示的箭头方向沿器件引脚快速往复移动，使焊点均匀受热熔化。

③ 用热风工作台拆焊要注意以下几点。

a. 热风温度调整要适当。

b. 吹风强度调整要适当。

c. 确定所有焊点的锡全部熔化，才能用镊子将器件取下，以免铜箔焊盘或导线条受拉脱落。

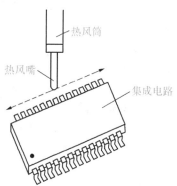

图6.31 拆焊集成电路

### 2 常用的拆焊方法

电子元器件的外形有插件式（THT）和贴片式（SMT）两大类，引脚数量和排列各异。使用不同的拆卸方法，不仅可提高拆焊速度，还能减少拆焊元器件、电路板的损坏率。不同类型元器件常用的手工拆焊方法如表6.8所示。

表6.8 不同类型元器件常用的手工拆焊方法

| 元器件类型 | | 拆焊方法 | 注意事项 |
|---|---|---|---|
| 插件式元器件 | 两焊点较远的电阻器、电容器、二极管等 | 镊子分点拆焊法：<br>先拆除一端焊接点上的引线，再拆除另一端焊接点的引线，最后取出元器件 | 撬、拉引线时不要用力过猛 |
| | 几个焊点比较集中的电容器、二极管、三极管等 | 镊子集中拆焊法：<br>用电烙铁同时交替加热几个焊接点，也可增加每个焊点的焊锡量，使所有焊点连成一体，等焊锡熔化后一次拔出所有元器件 | 此法要求操作时加热迅速，注意力要集中，动作快 |

续表

| 元器件类型 | | 拆焊方法 | 注意事项 |
|---|---|---|---|
| 插件式元器件 | 有塑料骨架的元器件，如中频变压器、插座等 | 间断加热拆焊法：<br>拆焊时，先用电烙铁加热除去焊接点焊锡，露出引线的轮廓，再用镊子或插针挑开焊盘与引线间的残留焊锡 | 不可长时间对焊点加热，防止塑料骨架变形 |
| | 引脚密集且规则的元器件 | 空心针管拆焊法：<br>选用直径合适的空心针管，将针孔对准焊盘上的引脚。待电烙铁将焊锡熔化后迅速将针管插入电路板的焊孔并左右旋转，使引线与焊盘分离 | 选用针管的直径要合适 |
| | 高密度焊点的元器件，如集成电路 | 吸锡带拆焊法：<br>使用电烙铁除去焊接点焊锡，露出导线的轮廓。将在松香中浸过的吸锡带贴在待拆焊点上，用电烙铁头加热吸锡带，焊锡熔化并吸附在吸锡带上后，即可把焊锡吸完 | 吸锡带可以自制 |
| | 高密度焊点的元器件，如集成电路 | 吸锡器加电烙铁拆焊法：<br>拆焊时先用电烙铁对焊点进行加热，待焊锡熔化后撤去电烙铁，再用吸锡器将焊点上的焊锡吸除，要将锡嘴套在引脚上，垂直焊盘吸锡 | 撤去电烙铁后，吸锡器要迅速地移至焊点吸锡 |
| | 引线较粗，焊锡较多焊点，如行输出变压器等 | 吸锡电烙铁拆焊法：<br>它具有焊接和吸锡的双重功能。在使用时，只要把烙铁头靠近焊点，待焊点熔化后按下按钮，即可把熔化的焊锡吸入储锡盒内 | 加热时间不能过长，其嘴为金属，故施加在焊盘上的压力要小 |
| | 集成电路和多焊点元器件 | 专用烙铁头拆焊法：选用合适的烙铁头加热元器件各引脚，待都熔化后拆除元器件 | 注意加热温度和时间 |
| 贴片式元器件 | 两端、三端焊点的元器件 | 镊子集中拆焊法：<br>用电烙铁快速加热所有焊点，熔化所有焊锡后，用镊子移开元器件 | 加热时间不能过长，温度不能过高 |
| | 集成电路 | 专用烙铁头拆焊法：<br>选用合适的烙铁头加热元器件各引脚，待都熔化后 | 注意加热温度和时间 |
| | 短引线在外的的集成电路 | 吸锡带拆焊法：<br>电烙铁逐个加热焊点，用吸锡带吸除焊点上的焊锡 | 注意加热温度和时间，防止损坏电路板 |
| | 所有贴片式元器件 | 热风工作台拆焊法：<br>选择合适的热风嘴，调节温度和风速，将热风嘴对准器件引脚吹送热风；待器件上所有引脚焊点全部熔化后，用镊子将器件夹离电路板 | 沿器件引脚快速往复移动，使焊点均匀受热熔化，把握好温度与时间 |

## 项目实训评价：利用万能板插装与焊接简易电路操作综合能力评价

| 评定内容 | 配分 | 评定标准 | | 小组评分 | 教师评分 |
|---|---|---|---|---|---|
| 任务6.1 | 20 | 按任务6.1操作结果与总结表评分 | 完成时间 | | |
| 任务6.2 | 22 | 按任务6.2操作结果与总结表评分 | 完成时间 | | |
| 任务6.3 | 22 | 按任务6.3操作结果与总结表评分 | 完成时间 | | |
| 任务6.4 | 22 | 按任务6.4操作结果与总结表评分 | 完成时间 | | |
| 安全文明操作 | 5 | 1）工作台不整洁，扣1~2分；<br>2）违反安全文明操作规程，扣1~5分 | | | |
| 表现、态度 | 9 | 好，得9分；较好，得6分；一般，得3分；差，得0分 | | | |
| 总得分 | | | | | |

────── 做一做 ──────

1. 在老师指导下拆卸与组装1把电烙铁，认识电烙铁结构、安全检查电烙铁、维修电烙铁。

2. 提供一块大的练焊板和100多只各种插件式元器件，要求在2h内完成元器件的插装与焊接，且符合工艺要求。

3. 提供早期的电视机或显示器等的电路板，要求使用如表6.8所示的拆焊方法拆卸电路板上元器件，且不能损坏电路板和元器件。

4. 提供一块计算机主板（废旧），要求使用如表6.8所示的拆焊方法拆卸贴片式元器件，并在老师指导下完成贴片式元器件的重焊。

────── 想一想 ──────

1. 电阻器在插装前需做好什么工作？
2. 电阻器在电路板上插装时有什么工艺要求？
3. 三极管在电路板上插装时有什么工艺要求？
4. 手工焊接的五步操作法是什么？
5. 合格焊点的要求有哪些？怎样才能保证焊点合格？

# 项目 7

# 制作声光报警电路

**教学目标**

知识目标 ☞

1. 认识电声器件（扬声器、蜂鸣器等）。
2. 掌握制作声光报警电路的工艺流程。
3. 理解声光报警电路（音频振荡电路）的工作原理。

技能目标 ☞

1. 熟练装配电子产品的基本技能（万用表的使用、元器件的识别与检测、元器件的插装技能、焊接技能）。
2. 初步学会在单孔万能板上设计与制作装配图。
3. 学会调试与检修声光报警电路。

将开关、电阻器、电容器、发光二极管、三极管和扬声器按一定规律连接起来，就可以做成一个既可发光又可发出声响的有趣报警电路。图 7.1（a）所示为一个简易声光报警电路原理图，图 7.1（b）所示为利用万能板制作的声光报警电路实物。

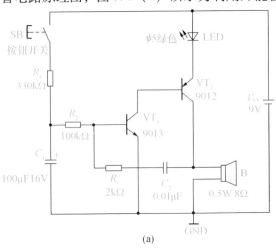

(a)

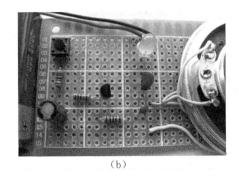

(b)

图 7.1　简易声光报警电路

电路工作原理：图7.1（a）所示电路为互补型三极管音频振荡电路，按下SB不放，电源通过SB、$R_1$向$C_1$充电，$C_1$两端电压不断升高，$VT_1$的基极电位逐渐升高，LED亮度也随之增强，产生的低频信号通过$C_2$、$R_3$形成正反馈，电路振荡，扬声器发出音调逐渐升高的声音；松开SB，$C_1$通过$R_2$、$VT_1$放电，$C_1$两端电压不断下降，LED的亮度随之降低，扬声器发出音调逐渐下降的声音。其中，$R_3$、$C_2$的大小以及变化的三极管的结电容决定了扬声器的发声音调。仔细听，类似空袭警报声。

本项目利用万能板制作一个声光报警电路，其制作的工作流程如下所示。

## 任务 7.1 识别与检测声光报警电路的元器件

**任务描述：**

声光报警电路使用了电阻器、电容器、发光二极管、三极管、按钮和扬声器。本任务主要介绍识别与检测扬声器和按钮的方法，并将所有元器件检测数据填入表7.3中。

### 7.1.1 实践操作：识别与检测声光报警电路相关元器件

器材准备 本任务所需元器件如表7.1所示。

**表7.1 制作声光报警电路所需元器件**

| 代号 | 名称 | 规格/参数 | 数量/只 | 代号 | 名称 | 规格/参数 | 数量/只 |
|------|------|-----------|---------|------|------|-----------|---------|
| $R_1$ | 电阻器 | 330kΩ 0.25W | 1 | LED | 发光二极管 | φ5 绿色 | 1 |
| $R_2$ | 电阻器 | 100kΩ 0.25W | 1 | $VT_1$ | 三极管 | 9013 | 1 |
| $R_3$ | 电阻器 | 2kΩ 0.25W | 1 | $VT_2$ | 三极管 | 9012 | 1 |
| $C_1$ | 电解电容器 | 100μF 16V | 1 | B | 扬声器 | 8Ω 0.5W | 1 |
| $C_2$ | 瓷片电容器 | 0.01μF | 1 | $V_{CC}$ | 电池 | 9V | 1 节 |
| SB | 按钮 | 6mm×6mm | 1 | | | | |

本任务所需装配工具、仪表如表7.2所示。

**表7.2 制作声光报警电路所需装配工具和仪表**

| 仪表 | MF47型万用表1只，DT9205型数字式万用表1只 |
|------|------|
| 工具 | 35W电烙铁焊接工具（含电烙铁架、松香、焊锡丝、海绵适量）1套，斜口钳、镊子、锉刀、尖嘴钳各1把，细砂纸少量 |
| 其他材料 | 有鳄鱼夹的电池扣1套，单孔万能板（70mm×45mm）1块，导线（双股电话线）30cm |

1 识别声光报警电路元器件实物

声光报警电路所需元器件实物如图 7.2 所示，所需万能板实物如图 7.3 所示。

图 7.2　声光报警电路的元器件实物

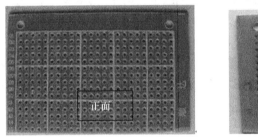

图 7.3　单孔万能板（正、反面）

2 识别与检测按钮

第一步　识别按钮。

按钮就是一个按下触点闭合，放开触点断开的低压器件。它被广泛应用于电视机、DVD、移动电话等面板控制按键上。按钮的外形、规格、结构各异，这里介绍的是 6mm×6mm 的短柄按钮，其外形、结构如图 7.4 所示。

第二步　检测按钮。按钮的质量检测十分简单，就是用指针式万用表的 $R×1$ 挡或数字式万用表的  挡，两表笔接触如图 7.5 所示的引脚 1 与引脚 3 或引脚 2 与引脚 4，按下按钮时应为 0，松开按钮时应为 ∞ 。

（a）外形　　　　　（b）结构示意图

图 7.4　识别按钮

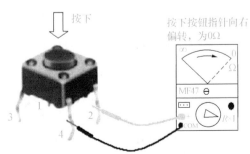

图 7.5　检测按钮

### 3　识别与检测扬声器

**第一步**　识别扬声器。扬声器的外形、种类、规格较多，详细介绍见知识链接。本任务使用的是最常用的电动式扬声器，交流阻抗为 8Ω，功率为 0.5W，扬声器在电路中一般用"B"表示，其电路符号、结构如图 7.6 所示。

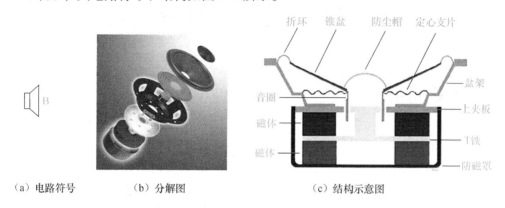

（a）电路符号　　　　（b）分解图　　　　　　　（c）结构示意图

图 7.6　电动式扬声器电路符号及结构

**第二步**　检测扬声器。扬声器就是一个特殊的电感线圈，用指针式万用表检测时，就是检测线圈的阻值及通电后的电磁现象。

扬声器的质量检测，一般用指针式万用表的 $R \times 1$ 挡，检测方法如图 7.7 所示，两表笔在扬声器的两焊接点间断接触，此时会观察到万用表指针发生偏转，且扬声器会发出响声，否则扬声器已损坏。

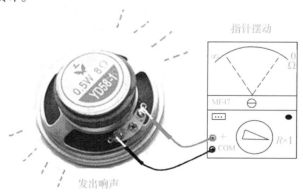

图 7.7　检测扬声器

## 7.1.2　操作结果与总结

将识别与检测声光报警电路中元器件的有关数据填入表 7.3 中（每空 0.5 分，共 25 分）。

**提示：**指针式万用表测三极管时，$R_{be}$ 表示黑表笔接基极，红表笔接发射极。数字式万用表测 PNP 三极管时，$U_{eb}$ 表示红表笔接发射极，黑表笔接基极，一般 $U_{eb}$ 大于 $U_{ec}$。

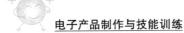
表7.3　声光报警电路元器件的识别与检测

| 元器件代号 | 识别情况（电阻器写色环颜色；其他画外形示意图，标出标示、极性等） | 检测情况 | | 质量 |
|---|---|---|---|---|
| | | 万用表挡位（指针式万用表和数字式万用表检测） | 测量结果 | |
| $R_1$ | | | 实测阻值： | |
| $R_2$ | | | 实测阻值： | |
| $R_3$ | | | 实测阻值： | |
| SB | | | 按和不按时各引脚通断情况： | |
| $C_1$ | 100μF + − | | 指针式万用表测漏电情况： | |
| | | | 数字式万用表测电容量： | |
| $C_2$ | 103 | | 指针式万用表测漏电情况： | |
| | | | 数字式万用表测电容量： | |
| LED | | | 正向阻值（是否发光）： | |
| | | | 反向阻值： | |
| $VT_1$ | 9013　e b c | $R \times 1k$ | $R_{be} = \quad R_{bc} = \quad R_{eb} = \quad R_{cb} =$ | |
| | | $R \times 10k$ | $R_{ce} = \quad R_{ec} =$ | |
| | | $R \times 10$（$h_{FE}$挡） | $\overline{\beta} =$ | |
| $VT_2$ | | ⫶⊳ | $U_{eb} = \quad U_{ec} = \quad U_{be} = \quad U_{bc} =$ | |
| | | | $U_{ec} = \quad U_{ce} =$ | |
| | | $h_{FE}$挡 | $\overline{\beta} =$ | |
| B | （标出相位） | | 看见： | |
| | | | 听到： | |
| $V_{CC}$ | （电池） + − 9V | | 实测电压值： | |

# 任务 7.2　装配声光报警电路

任务描述：
首先设计出声光报警电路的装配图（元器件的布局图和走线图统称装配图）；然后在万能板上插装、焊接元器件；最后在焊接面布线，完成电路的装配。

## 7.2.1　实践操作：设计并装配声光报警电路

器材准备　装配声光报警器所需元器件及器材如表7.1和表7.2所示。

1　设计声光报警电路装配图

在草稿纸上根据元器件的尺寸画出合理、正确的装配图。

根据电路元器件的数量、尺寸规划电路板的大小，本任务采用一块 70mm × 45mm 的单孔万能板。根据原理图从左到右、从上到下在草稿纸上布局：

1）参照万能板尺寸，画出 15 × 25 个圆孔，与万能板一一对应。

2）根据元器件外形在元件面布局，尽量遵守"横平竖直放置、疏密均匀、布局合理"的原则。

3）根据元器件实物的尺寸（封装）在纸上定位，画出元器件外形示意图，设计所占孔位，如 SB 占 9 个孔位，电阻器占 5 个孔位，电容器占 6 个孔位，三极管占 6 个孔位，发光二极管占 5 个孔位，电源与扬声器需外接导线连接，各占 2 个孔位。

4）根据原理图关系连接走线，并调整到最佳效果，走线尽量横平竖直、走最短距离。可参照图 7.8 所示的装配图进行设计（也可利用电子 CAD 制作）。

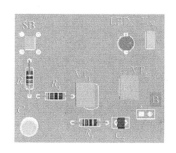
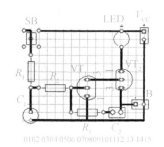
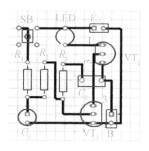

（a）元件面仿真布局图　　　　（b）装配图（从元件面看）　　　（c）布局更合理的装配图

图 7.8　声光报警电路装配图

## 2　装配声光报警电路

**第一步**　按设计的装配图在单孔万能板上插装和焊接元器件，操作过程如图 7.9 所示。

（a）插装与焊接电阻　　（b）插装与焊接瓷片电容、　　（c）插装与焊接余下元件及导线
　　　　　　　　　　　　　　开关与三极管

图 7.9　声光报警电路插装与焊接工艺过程

1）参照图 7.8（b）所示的布局，卧式贴板插装电阻器，占 5 个孔位，$R_2$、$R_3$ 的第一环均在左边；五步法焊接 6 个焊点；检查焊接质量是否合格；斜口钳留头 1mm 剪切多余引脚，如图 7.9（a）所示。

2）离板 1mm 处直插瓷片电容器，标示的"103"在外；贴板直插按钮；离板 3mm 处直插三极管；焊接各元器件；检查焊接质量；斜口钳留头 1mm 剪切多余引脚，如图 7.9（b）所示。

3）贴板直插电解电容器，离板 4mm 处直插发光二极管；完成引脚焊接，如图 7.9（c）所示。

第二步　按设计的装配图在单孔万能板焊接面连接走线，并清洁焊接面，如图 7.10（a）所示。

此步骤操作应注意以下问题：

1）距离较近的两焊点直接用电烙铁加焊锡焊接。

2）距离稍远的两焊点用剪下的元件引线焊接。

3）距离较远的两焊点用电话线去皮后搪锡，再焊接。

第三步　焊接电源线和扬声器连接导线。剪切 10cm 的双股电话线，按导线的焊接方法，在扬声器上钩焊、万能板上插焊；再焊接电源输入线路，完成效果如图 7.10（b）所示。

（a）焊接面走线　　　　　　　　　　（b）元件面布局

图 7.10　在万能板上装配的声光报警电路

## 7.2.2　操作结果与总结

| 评定内容 | 配分 | 评定标准 | 小组评分 | 教师评分 |
|---|---|---|---|---|
| 设计的装配图 | 3 | 设计不合理、不规范，扣 1~3 分 | | |
| 元件面布局 | 3 | 元器件布局不合理，扣 1~3 分 | | |
| 插装工艺 | 5 | 元器件插装不符合工艺要求，每处扣 1 分 | | |
| 焊接工艺 | 9 | 焊接点不符合焊接工艺要求，每处扣 0.5 分 | | |
| 总得分 | | | | |

## 任务 7.3　调测与检修声光报警电路

任务描述：

装配好的声光报警电路通过调试、检测、维修后将实现以下功能：

1）通电后，按下 SB 不放，此时发光二极管逐渐变亮，同时扬声器发出声响且音调逐渐升高。

2）松开 SB，发光二极管逐渐变暗，扬声器发声音调逐渐变得低沉。

3）扬声器整个发声阶段的声音听起来类似防空警报的声音。

## 7.3.1　实践操作：调测并分析声光报警电路

**器材准备**　任务 7.2 装配的声光报警电路、如表 7.2 所示的器材。电池也可用 9V 稳压电源代替。

1 调测声光报警电路

第一步　通电前检测电路是否短路。

按下 SB，使用指针式万用表的 $R \times 1\text{k}$ 挡检测电源输入端的正向电阻（即黑表笔接电源输入端的正极、红表笔接电源输入端的负极时的阻值）和反向电阻（即黑表笔接电源输入端的负极、红表笔接电源输入端的正极时的阻值）。若阻值均小，则需检查元器件插装是否错误，焊接有无焊连等。

装配的电路板检测结果为：$R_{正向} = $ _____ ，$R_{反向} = $ _____ （应均很大）。

第二步　通电测试电压。

声光报警电路接通 9V 电源，此时电路没有任何表象。这时按下 SB，能看见 LED 发光并逐渐变亮，扬声器发出音调逐渐升高的声音；松开 SB，扬声器发出音调逐渐变低的声音。

在此过程中用指针式万用表测量：

1）电容器 $C_1$ 两端电压变化情况，测量方法如图 7.11 所示。

2）$VT_1$ 的基极和集电极电位变化情况。

3）$VT_2$ 的基极和发射极电位变化情况。

将测量情况填入表 7.4 中。

图 7.11　测量声光报警电路工作时 $C_1$ 两端电压的变化情况

**表 7.4　测量声光报警电路的电压**

| 测试项目 | 按下 SB 时 | | 松开 SB 时 | |
|---|---|---|---|---|
| $C_1$ 两端电压变化范围 | | | | |
| $VT_1$ 各极电位变化范围 | $V_b$： | $V_c$： | $V_b$： | $V_c$： |
| $VT_2$ 各极电位变化范围 | $V_b$： | $V_e$： | $V_b$： | $V_e$： |

填表说明：如按下 SB 时，$C_1$ 两端电压变化范围可写成：从 0V 逐渐升高到 2V（或 0～2V）。

第三步　通电测试电流。

1）使用电烙铁焊开图 7.12 所示的 $VT_1$ 基极、$VT_2$ 集电极，形成两个开口点。

2）将两只数字式万用表（内阻小些）调至电流挡，并串联于两个开口处。

3）接通电源，按下 SB 和松开 SB 时，观察电流变化情况，将测量结果填入表7.5 中。

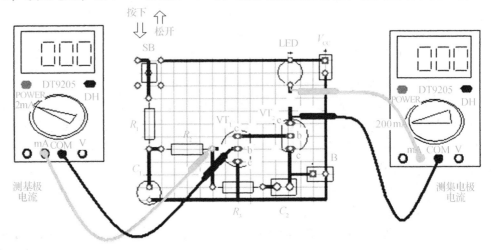

图7.12　测量声光报警电路的工作电流

表7.5　测量声光报警电路的电流

| 测试项目 | 按下 SB 时 | 松开 SB 时 |
| --- | --- | --- |
| VT$_1$ 基极电流变化范围 | | |
| VT$_2$ 集电极电流变化范围 | | |

填表说明：按下 SB 时，VT$_1$ 基极电流变化范围可写成：从 0A 逐渐升高到 20μA（或 0～20μA）。

### 2　分析声光报警电路

通过对电路电压、电流的测试，可以从测量数据中发现什么？

1）图7.12 所示的电路满足振荡电路的两个条件吗？

分析提示：满足相位平衡条件和幅度平衡条件，电路就能自激振荡。

2）图7.12 所示的电路中 VT$_1$、VT$_2$ 的工作状态是处于放大状态还是开关状态？

分析提示：通过测量 VT$_1$、VT$_2$ 各极电位是否满足放大条件即可判断。

3）在图7.12 所示的电路中，按下 SB 不放，为何扬声器会发出音调不断升高的声音呢？

分析提示：制作中，通过改变 $R_3$、$C_2$ 的参数，可听见发声音调（频率）会变化。可见，扬声器发出声音的音调与 $R_3$、$C_2$ 的参数有关，另外主要与三极管的结电容大小随基极电位的变化而改变有关，因为结电容两端电压升高（基极电位升高），等效电容变小，而振荡频率与电容容量成反比。

### 3　排除声光报警电路故障

声光报警电路只要插装、焊接、连线正确，通电即可报警，因此装配成功的电路板是一样的；但没有成功的电路板故障是多种多样的。要解决电路故障，方法很简单，就是认真仔细地对照原理图检查电路板是否插装、焊接正确，以及正确使用各种检查方法检测故障电路板的关键电压、电流是否符合表7.4 和表7.5 中的数据。

万能板装配的报警电路出现的常见故障现象及排除方法如表 7.6 所示。

**表 7.6　排除声光报警电路故障的方法**

| 故障现象（按下 SB 时） | 检修方法 | 故障可能原因 | 排除故障的方法 |
|---|---|---|---|
| LED 不发光，扬声器无声 | 观察法、电阻检查法、电压检测法 | 1）电源未接通或电池电压不足；<br>2）电路未接通，有开口处；<br>3）$C_1$ 被短路；<br>4）发光二极管极性装反或损坏，扬声器损坏 | 1）检查电源输入线路或更换电池，电源电压要高于 6V；<br>2）仔细观察焊接面走线；<br>3）检测 $C_1$ 两个焊点的阻值；<br>4）检查发光二极管和扬声器 |
| LED 亮度大，扬声器无声 | 观察法 | $R_3$ 支路开路 | 连接好反馈支路 |
| LED 发光亮度不变，扬声器音调不变 | 观察法、电阻法 | $C_2$ 开路 | 检查 $C_2$ 或将 $C_2$ 连接于电路中 |
| LED 逐渐变亮，扬声器声音很小 | 观察法 | 1）$VT_1$ 的集电极、发射极装反；<br>2）$VT_2$ 的集电极、发射极装反 | 1）重新插装、焊接 $VT_1$；<br>2）重新插装、焊接 $VT_2$ |
| 未按 SB，通电就报警 | 电阻法 | SB 短路，没起到开关作用 | 重新连接或更换 |

## 7.3.2　操作结果与总结

| 评定内容 | 配分 | 评定标准 | 小组评分 | 教师评分 |
|---|---|---|---|---|
| 电路功能 | 15 | 1）按下 SB 不能发出报警声，扣 5 分；<br>2）松开 SB 不能发出逐渐消失的报警声，扣 5 分；<br>3）LED 发光不变化，扣 5 分 | | |
| 通电前检测 | 5 | 1）不会检测，扣 5 分；<br>2）检测有错，每错 1 处扣 1~2 分 | | |
| 电压检测 | 6 | 表 7.4 错 1 空扣 0.5 分 | | |
| 电流检测 | 4 | 表 7.5 错 1 空扣 1 分 | | |
| 电路分析 | 5 | 基本能分析得 1~5 分 | | |
| 故障检修 | 5 | 焊接点不符合焊接工艺要求，每处扣 0.5 分 | | |
| 总得分 | | | | |

# 知识链接：常见的发声器件

### 1　扬声器

扬声器又称为"喇叭"，是一种十分常用的将电信号转换为声信号的器件，即音频电信号通过电磁、压电或静电效应，使其纸盆或膜片振动并与周围的空气产生共振（共鸣）而发出声音。扬声器的种类很多，价格也相差较大，按电声换能机理和结构分为动圈式（电动式）、电容式（静电式）、压电式（晶体或陶瓷）、电磁式（压簧式）、电离子式和气动式等。电动式扬声器具有电声性能好、结构牢固及成本低等优点，应用十分广泛。

（1）电动式扬声器的种类、结构和工作原理

电动式扬声器又分为电动式锥盆扬声器、电动式号筒扬声器和球顶式扬声器 3 种，这

里只介绍电动式锥盆扬声器。

电动式锥盆扬声器由 3 部分组成：①振动系统，包括锥形纸盆、音圈和定心支片等；②磁路系统，包括永久磁铁、导磁板和场心柱等；③辅助系统，包括盆架、接线板、压边和防尘盖等。其结构如图 7.13 所示。

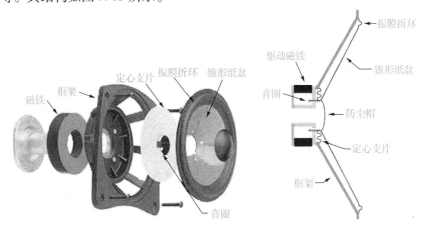

图 7.13　电动式锥盆扬声器的结构

当处于磁场中的音圈有音频电流通过时，就会产生随音频电流变化的磁场，这一磁场和永久磁铁的磁场发生相互作用，使音圈沿轴向振动，音圈带动锥形纸盆也沿轴向振动，纸盆的振动激励了周围空气振动，使扬声器周围的空气密度发生变化，从而发出声音。

（2）扬声器的主要性能指标

扬声器的主要性能指标有灵敏度、频率响应、额定功率、额定阻抗、指向特性以及失真度等参数。

1）额定功率。扬声器的功率有标称功率和最大功率之分。标称功率又称为额定功率、不失真功率，是指扬声器在额定不失真范围内允许的最大输入功率，在扬声器的商标、技术说明书上标注的功率即为该功率值，如 0.5W、2W 等。最大功率是指扬声器在某一瞬间所能承受的峰值功率，是额定功率的 2～3 倍。

2）额定阻抗。扬声器的阻抗一般和频率有关。额定阻抗是指音频为 400Hz 时，从扬声器输入端测得的阻抗。它一般是音圈直流电阻的 1.2～1.5 倍。一般动圈式扬声器常见的阻抗有 4Ω、8Ω、16Ω 和 32Ω 等。

3）频率响应。给一只扬声器加上相同电压而不同频率的音频信号时，其产生的声压将会发生变化。一般中音频时产生的声压较大，而低音频和高音频时产生的声压较小。当声压下降为中音频的某一数值时的高、低音频率范围，称为该扬声器的频率响应特性。

理想的扬声器的频率响应特性应为 20Hz～20kHz，这样就能把全部音频均匀地重放出来，称之为"高保真"声音，然而实际扬声器是做不到的，每一只扬声器只能较好地重放音频的某一部分。

4）失真度。扬声器不能把原来的声音逼真地重放出来的现象叫失真。失真有两种，即频率失真和非线性失真。频率失真是由于对某些频率的信号放音较强，而对另一些频率的信号放音较弱造成的，失真破坏了原来高低音响度的比例，改变了原声音色。而非线性失真是由于扬声器振动系统的振动和信号的波动不能完全一致造成的，在输出的声波中增加了新的频率成分。

5）指向特性。指向特性用来表征扬声器在空间各方向辐射的声压分布特性，频率越高指向性越弱，纸盆越大，指向性越强。

在选用扬声器时，不仅要考虑扬声器的以上性能指标，还应考虑扬声器的价格、实际应用场合等。

（3）扬声器的特征

1）扬声器有两个接线柱（两根引线），标示的"＋"、"－"表示相位。当使用单只扬声器时，两根引脚不分正负极性；同时使用多只扬声器时，两个引脚有极性之分。

2）扬声器有一个纸盒，其颜色通常为黑色，也有白色。

3）扬声器的外形有圆形、方形和椭圆形等几大类。

4）扬声器纸盆背面是磁铁，外磁式扬声器用金属一字旋具去接触磁铁时会感觉到磁性的存在；内磁式扬声器中没有这种感觉，但是外壳内部确有磁铁。

（4）电动式扬声器的检测

1）将指针式万用表置于 $R \times 1$ 挡。

2）两表笔分别接触扬声器音圈引出线的两个接线端，能看到指针偏转，还能听到明显的"咯咯"声响，这表明音圈正常。

3）声音越响，扬声器的灵敏度越高。

4）检测中，若指针偏转但无响声，说明音圈可能因变形而被卡死；若被测扬声器无声且万用表指针无偏转，则很有可能是扬声器音圈引出线开路或音圈已烧断。若指针指示为0且无声，说明线圈短路。

### 2 蜂鸣器

蜂鸣器是一种一体化结构的电子信响器，采用直流电压供电，由于蜂鸣器外形小巧，能耗低，工作稳定，驱动电路简单，安装方便，经济实用，因而广泛应用于计算机、打印机、复印机、报警器、电子玩具、汽车电子设备、电话机及定时器等电子产品中作发声器件。蜂鸣器主要分为压电式蜂鸣器和电磁式蜂鸣器两种类型。蜂鸣器在电路中用字母"H"或"HA"表示。

（1）蜂鸣器的结构原理

蜂鸣器根据音源不同，可分为有源蜂鸣器和无源蜂鸣器两种。有源蜂鸣器根据发声部件的不同，又可分为压电式蜂鸣器和电磁式蜂鸣器两种。

压电式蜂鸣器主要由多谐振荡器、压电蜂鸣片、阻抗匹配器及共鸣箱、外壳等组成。有的压电式蜂鸣器外壳上还装有发光二极管。

其中，多谐振荡器由晶体管或集成电路构成，当接通电源后（1.5～15V 直流工作电压），多谐振荡器起振，输出 1.5～2.5kHz 的音频信号，阻抗匹配器推动压电蜂鸣片发声。压电蜂鸣片由锆钛酸铅或铌镁酸铅压电陶瓷材料制成。在陶瓷片的两面镀有银电极，经极化和老化处理后，再与黄铜片或不锈钢片粘在一起。

电磁式蜂鸣器由振荡器、电磁线圈、磁铁、振动膜片及外壳等组成。接通电源后，振

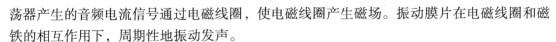

荡器产生的音频电流信号通过电磁线圈，使电磁线圈产生磁场。振动膜片在电磁线圈和磁铁的相互作用下，周期性地振动发声。

（2）区分有源蜂鸣器和无源蜂鸣器

有源蜂鸣器和无源蜂鸣器的外观如图7.14所示，从外观上看，两种蜂鸣器好像一样，但仔细看，会发现两者的高度略有区别，有源蜂鸣器的高度为9mm，而无源蜂鸣器的高度为8mm。将两种蜂鸣器的引脚朝上放置时，可以看出有绿色电路板的一种是无源蜂鸣器，没有电路板而用黑胶封闭的一种是有源蜂鸣器。

还可以用万用表 $R \times 1$ 挡进一步判断有源蜂鸣器和无源蜂鸣器：用黑表笔接蜂鸣器"+"引脚，红表笔在另一个引脚上来回碰触，如果发出"咔、咔"声，且电阻只有8Ω（或16Ω）的是无源蜂鸣器；如果能发出持续声音，且电阻在几百欧以上的，是有源蜂鸣器。

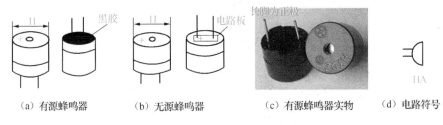

（a）有源蜂鸣器　　　（b）无源蜂鸣器　　　（c）有源蜂鸣器实物　　　（d）电路符号

图7.14　有源和无源蜂鸣器

有源蜂鸣器直接接上额定电源（新的蜂鸣器在标签上都有注明）就可连续发声；而无源蜂鸣器则和电磁扬声器一样，需要接在音频输出电路中才能发声。

### 3　压电陶瓷发声片

压电陶瓷是一种能够将机械能和电能互相转换的功能陶瓷材料，属于无机非金属材料。这是一种具有压电效应的材料。

压电效应是指某些介质在力的作用下，产生形变，引起介质表面带电，称正压电效应。反之，施加激励电场，介质将产生机械变形，称逆压电效应。这种奇妙的效应已经被科学家应用在与人们生活密切相关的许多领域，以实现能量转换、传感、驱动、频率控制等功能。

在能量转换方面，利用压电陶瓷将机械能转换成电能的特性，可以制造出压电点火器、移动X光电源、炮弹引爆装置。电子打火机中就有压电陶瓷制作的火石，打火次数可在100万次以上。用压电陶瓷把电能转换成超声振动，可以用于探寻水下鱼群的位置和形状，对金属进行无损探伤，以及超声清洗、超声医疗，还可以做成各种超声切割器、焊接装置及电烙铁，对塑料甚至金属进行加工。压电陶瓷的用途非常广泛，声音转换器是最常见的应用之一。

压电陶瓷发声片，也称为压电陶瓷式扬声器，其一面为圆形铜片，一面为涂银层，中间为压电陶瓷。压电陶瓷发声片的结构、外形、电路符号如图7.15所示。其在电路中用字母"B"表示。

当给压电陶瓷发声片两端加上音频振荡电压时，压电陶瓷将带动金属片一起振动，并发出声音，起到扬声作用。测量时，将万用表置于2.5V直流电压挡，两表笔分别接在压

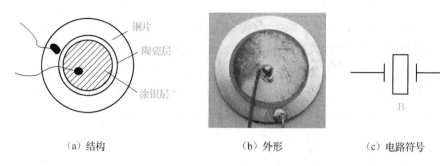

（a）结构　　　　　　　　　　（b）外形　　　　　　　（c）电路符号

图7.15　压电陶瓷发声片结构、外形和电路符号

电陶瓷片的两极，当多次适度用力压放时，指针应在零刻度周围摆动，摆动越大其压电效应越好，若无反应则已损坏。压电陶瓷发声片多用于电子表、数字表、儿童玩具及电子音乐贺卡等产品中。

---

**知识拓展：晶体三极管**

晶体三极管又称半导体三极管、晶体管，或双极型三极管，简称三极管。三极管的基本结构是在一块半导体基片上制作两个相距很近的 PN 结，两个 PN 结把整块半导体分成 3 部分，中间部分是基区，两侧部分是发射区和集电区，排列方式有 PNP 和 NPN 两种，如图 7.16 所示。

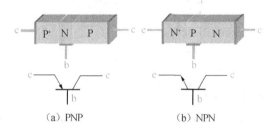

（a）PNP　　　　　　　　（b）NPN

图7.16　三极管的结构

三极管是一种电流控制型器件，主要用来控制电流的大小。三极管是电子电路的核心元件，是大规模集成电路的基本组成部分，可以说没有三极管的发明就没有现代信息社会的如此多样化。

三极管的一个重要参数是电流放大系数，用符号"$\beta$"表示，$\beta = \Delta I_c / \Delta I_b$。当三极管的基极上加一个微小的电流时，在集电极上可以得到一个 $\beta$ 倍的集电极电流。基极电流微小的变化将引起集电极电流较大的变化，这就是三极管的电流放大作用。

三极管的工作状态有 3 种，即放大、饱和、截止。其中又以放大状态最为复杂，主要用于小信号的放大领域。常用的三极管放大电路形式有共发射极放大电路、共集电极放大电路、共基极放大电路 3 种，其中共集电极放大电路用于电流放大（功率放大），共基极放大电路用于高频放大，共发射极放大电路用于低频放大。因此三极管的主要作用是放大和开关。

三极管放大电路包含静态参数和动态参数两大类，静态参数又称为静态工作点，是保证三极管正常工作的基础，它们所表示的是在输入条件为零时，晶体管的基极电流 $I_{BQ}$，集电极电流 $I_{CQ}$，b、e 之间的电压 $U_{BEQ}$，管压降 $U_{CEQ}$。当有输入信号时，晶体管呈现的输入电阻 $R_i$，输出电阻 $R_o$，电压增益 $A$ 等参数被称为动态参数。另外还有放大电路频率特性参数，主要包括放大电路的低频端截止频率、高频端截止频率、通频带、增益、幅（度）频（率）特性曲线等。

使用三极管时要注意的主要参数有：

① 特征频率 $f_T$：当 $f = f_T$ 时，三极管完全失去电流放大功能。如果工作频率大于 $f_T$，三极管将不能正常工作。

② 工作电压/电流：用这个参数可以指定该管的电压/电流使用范围。

③ $\beta$：电流放大倍数。

④ $U_{(BR)CEO}$：集电极 – 发射极反向击穿电压，表示临界饱和时的饱和电压。

⑤ $P_{CM}$：最大允许耗散功率。

⑥ 封装形式：指定该管的外观形状，如果其他参数都正确，封装不同将导致组件无法在电路板上实现。

表 7.7 所示为电子制作中最常用三极管的参数。

**表 7.7　部分三极管参数表**

| 名称 | 封装 | 极性 | 功能 | 耐压/V | 电流 $I_{CM}$/A | 功率 $P_{CM}$/W | 特征频率 $f_T$ | 配对管 |
|---|---|---|---|---|---|---|---|---|
| 9013 | 21 | NPN | 低频放大 | 50 | 0.5 | 0.625 | | 9012 |
| 9014 | 21 | NPN | 低噪放大 | 50 | 0.1 | 0.4 | 150HMz | 9015 |
| 9015 | 21 | PNP | 低噪放大 | 50 | 0.1 | 0.4 | 150MHz | 9014 |
| 9018 | 21 | NPN | 高频放大 | 30 | 0.05 | 0.4 | 1000MHz | |
| 8050 | 21 | NPN | 高频放大 | 40 | 1.5 | 1 | 100MHz | 8550 |
| 8550 | 21 | PNP | 高频放大 | 40 | 1.5 | 1 | 100MHz | 8050 |
| 2N2222 | 21 | NPN | 通用 | 60 | 0.8 | 0.5 | 25/200ns | |
| 2N2369 | 4A | NPN | 开关 | 40 | 0.5 | 0.3 | 800MHz | |
| 2N2907 | 4A | NPN | 通用 | 60 | 0.6 | 0.4 | 26/70ns | |
| 2N3904 | 21E | NPN | 通用 | 60 | 0.2 | | | |
| 2N2906 | 21C | PNP | 通用 | 40 | 0.2 | | | |
| 2N2222A | 21 铁 | NPN | 高频放大 | 75 | 0.6 | 0.625 | 300MHz | |
| 2N6718 | 21 铁 | NPN | 音频功放开关 | 100 | 2 | 2 | | |
| 9012 | 21 | PNP | 低频放大 | 50 | 0.5 | 0.625 | | 9013 |
| 9012 | 贴片 | PNP | 低频放大 | 50 | 0.5 | 0.625 | | 9013 |
| 3DA87A | 6 | NPN | 视频放大 | 100 | 0.1 | 1 | | |

续表

| 名称 | 封装 | 极性 | 功能 | 耐压/V | 电流 $I_{CM}$/A | 功率 $P_{CM}$/W | 特征频率 $f_T$ | 配对管 |
|------|------|------|------|--------|--------|--------|--------|--------|
| 3DG6B | 6 | NPN | 通用 | 20 | 0.02 | 0.1 | 150MHz | |
| 3DG6C | 6 | NPN | 通用 | 25 | 0.02 | 0.1 | 250MHz | |
| 3DG6D | 6 | NPN | 通用 | 30 | 0.02 | 0.1 | 150MHz | |
| 3DD15D | 12 | NPN | 电源开关 | 300 | 5 | 50 | | |
| 3DD102C | 12 | NPN | 电源开关 | 300 | 5 | 50 | | |
| 3522V | | | 5V 稳压管 | | | | | |
| A940 | 28 | PNP | 音频功放开关 | 150 | 1.5 | 25 | 4MHz | C2073 |
| A966 | 21 | PNP | 音频激励输出 | 30 | 1.5 | 0.9 | 100MHz | C2236 |
| A950 | 21 | PNP | 通用 | 30 | 0.8 | 0.6 | | |
| A968 | 28 | PNP | 音频功放开关 | 160 | 1.5 | 25 | 100MHz | C2238 |
| A1015 | 21 | PNP | 通用 | 60 | 0.1 | 0.4 | 8MHz | C1815 |
| A1213 | 贴片 | PNP | 超高频放大 | 50 | 0.15 | | 80MHz | |
| C1317 | 21ECB | NPN | 通用 | 30 | 0.5 | 0.625 | 200MHz | |
| C546 | 21ECB | NPN | 高频放大 | 30 | 0.03 | 0.15 | 600MHz | |
| C680 | 11 | NPN | 音频功放开关 | 200 | 2 | 30 | 20MHz | |
| C3807 | BCE | NPN | 低噪放大 | 30 | 2 | 1.2 | 260MHz | |
| C1815 | 21 | NPN | 通用 | 60 | 0.15 | 0.4 | 8MHz | A1015 |

## 项目实训评价：用万能板制作声光报警电路操作综合能力评价

| 评定内容 | 配分 | 评定标准 | | 小组评分 | 教师评分 |
|------|------|------|------|------|------|
| 任务7.1 | 25 | 按任务7.1操作结果与总结表评分 | 完成时间 | | |
| 任务7.2 | 20 | 按任务7.2操作结果与总结表评分 | 完成时间 | | |
| 任务7.3 | 40 | 按任务7.3操作结果与总结表评分 | 完成时间 | | |
| 安全文明操作 | 5 | 1）工作台不整洁，扣1~2分；<br>2）违反安全文明操作规程，扣1~5分 | | | |
| 表现、态度 | 10 | 好，得10分；较好，得7分；一般，得3分；差，得0分 | | | |
| 总得分 | | | | | |

做一做

用两只 1kΩ 电阻器，两只 82kΩ 电阻器，1 只发光二极管，两只 10μF 电容器，两只 9013 三极管和 1 块万能板制作一个闪光器，原理图如图 7.17 所示。

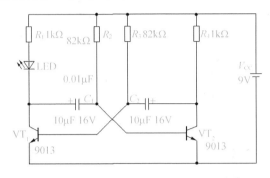

图 7.17　闪光器电路原理图

想一想

1. 单孔万能板制作声光报警电路的工艺流程是什么？

2. 如何检测判断按钮的质量？

3. 在选择三极管时主要考虑三极管的哪些参数？

4. 在声光报警器中，当按下 SB 时，扬声器会发出报警声音，那为什么松开 SB 后，扬声器还会发出声音？

# 制作双音门铃电路

使用集成 555 电路和一些分离元器件就可制作一个有趣的门铃。双音门铃电路原理图如图 8.1（a）所示，其在单孔万能板上安装后的实物如图 8.1（b）所示。

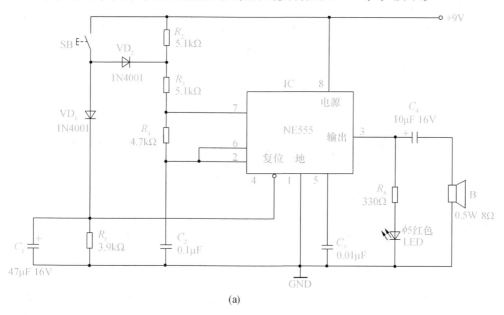

(a)

图 8.1　双音门铃电路

(b)

图 8.1　双音门铃电路（续）

工作原理为：原理图中的 IC 是时基集成电路 NE555，它与定时元件 $R_2$、$R_3$、$R_4$、$C_2$ 构成无稳态多谐振荡器。按下按钮 SB（可装在门上），电源通过 $VD_1$ 对 $C_1$ 充电，当 $C_1$ 的电压达到 1V 以上时，NE555 的引脚 4 变为高电平，多谐振荡器振荡。参与振荡的定时元件有 $R_3$、$R_4$、$C_2$，振荡频率约为 1000Hz，扬声器发出"叮"的声音。

松开按钮时，$C_1$ 两端仍有电压，多谐振荡器维持振荡，但由于 SB 的断开，电阻 $R_2$ 被串联接入电路，使振荡频率有所改变，大约为 700Hz，扬声器发出"咚"的声音；与此同时 $C_1$ 通过电阻 $R_1$ 放电，$C_1$ 上的电压降到 0.4V 以下后，NE555 复位，振荡器停止工作。电路中定时元件 $R_2$、$R_3$、$R_4$、$C_2$ 的参数决定了"叮"和"咚"这两种声音的音调，而"咚"声的余音长短由 $R_1$、$C_1$ 的数值来改变。在发出"叮咚"声音的过程中，可见 LED 随之亮灭变化。

本项目就用一块 NE555 集成电路制作一个有趣的电路——双音门铃电路。制作流程如下所示。

## 任务 8.1　识别与检测双音门铃电路的元器件

任务描述：

双音门铃电路使用了按钮、扬声器、电阻器、电容器、发光二极管、二极管和集成电路。本任务主要认识和检测涤纶电容器、集成电路 NE555，并完成所有元器件的检测后将有关数据填入表 8.5 中。

## 8.1.1 实践操作：识别与检测双音门铃电路的元器件

**器材准备** 本任务所需元器件如表8.1所示。

**表8.1 制作双音门铃电路所需元器件**

| 代号 | 名称 | 规格/参数 | 数量/只 | 代号 | 名称 | 规格/参数 | 数量/只 |
|------|------|-----------|---------|------|------|-----------|---------|
| $R_1$ | 电阻器 | 3.9kΩ | 1 | $C_3$ | 涤纶电容器 | 0.01μF | 1 |
| $R_2$、$R_3$ | 电阻器 | 5.1kΩ | 2 | $C_4$ | 电解电容器 | 10μF 16V | 1 |
| $R_4$ | 电阻器 | 4.7kΩ | 1 | SB | 按钮 | 6mm×6mm | 1 |
| $R_5$ | 电阻器 | 330Ω | 1 | B | 扬声器 | 8Ω 0.5W | 1 |
| $C_1$ | 电解电容器 | 47μF 16V | 1 | LED | 发光二极管 | φ5 红色 | 1 |
| $C_2$ | 瓷片电容器 | 0.1μF | 1 | $VD_1$、$VD_2$ | 二极管 | 1N4001 | 2 |
| IC | 时基集成电路 | NE555 | 1 | $V_{CC}$ | 电池或直流电源 | 9V | 1 |

注：电阻器均用插件式，功率0.25W。

本任务所需装配工具、仪表如表8.2所示。

**表8.2 制作双音门铃电路所需工具和仪表**

| 工具 | 35W电烙铁焊接工具（含烙铁架、松香、焊锡丝、海绵适量）1套，斜口钳、镊子、锉刀、尖嘴钳各1把，细砂纸少量 |
|------|------|
| 仪表 | MF47型万用表1只，DT9205型数字式万用表1只 |
| 其他材料 | 有鳄鱼夹的电池扣1套，单孔万能板（70mm×45mm）1块，导线（双股电话线）100cm，8脚的集成块插座1个 |

### 1 识别双音门铃电路中元器件实物

双音门铃电路所需元器件实物如图8.2所示。

图8.2 双音门铃电路的元器件实物

2 识别与检测涤纶电容器

第一步 识别涤纶电容器。

涤纶电容器的介质材料是涤纶，其体积小，容量范围为 470pF ~ 4.7μF，稳定性较好，应用在各种直流或低频电路中，适宜做旁路电容器，其外形如图 8.3 所示。

图 8.3 涤纶电容器

涤纶电容器的耐压一般由一个数字（$n$）和一个字母组合而成，数字表示 10 的幂指数（$10^n$），字母表示数值，单位为伏（V），其耐压值 = 字母表示数值 × $10^n$。

字母的含义：A-1.0，B-1.25，C-1.6，D-2.0，E-2.5，F-3.15，G-4.0，H-5.0，J-6.3，K-8.0，Z-9.0。

例如，"2G103K"中的"2G"表示 $4.0 \times 10^2 = 400$（V）。"103"是采用数码法表示电容器的容量，单位为 pF，即 $10 \times 10^3 = 10000 = 0.01$（μF）。"K"表示电容器的允许误差为 ±10%，因为常用字母表示误差：F- ±1% G- ±2%，J- ±5%，K- ±10%。

第二步 检测涤纶电容器。

涤纶电容器的质量检测包括两方面：一是使用指针式万用表的 $R \times 10k$ 挡检测漏电情况，即接触电容器两引脚瞬间，指针向右微微摆动后回到无穷大（由指针向右偏转角度估算其电容量），说明不漏电；二是使用数字式万用表的电容测量挡，测量其容量，应在允许误差范围内。

3 识别与检测集成电路 NE555

第一步 识别集成电路 NE555。

NE555 是一块时基集成电路，可以构成多谐振荡器、单稳态触发器、施密特触发器等，是一块用途十分广泛的集成电路。NE555 的外形及引脚排列如图 8.4 所示，把缺口或标记放在左方，左下角就为引脚 1，其余引脚按逆时针方向依次排列。表 8.3 所示为 NE555 各引脚功能。

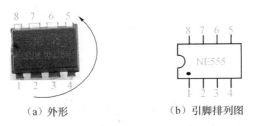

（a）外形          （b）引脚排列图

图 8.4 NE555 的外形及引脚排列

表 8.3 NE555 各引脚功能

| 引脚 | 1 | 2 | 3 | 4 | 5 | 6 | 7 | 8 |
|---|---|---|---|---|---|---|---|---|
| 功能 | 公共地端 | 低触发端 | 输出端 | 复位端 | 控制端 | 高触发端 | 放电端 | 电源正极 |

第二步 检测集成电路 NE555。

NE555 的质量检测，可用指针式万用表的 $R \times 1k$ 挡检测其内电阻，检测方法如图 8.5

所示。红表笔接集成电路的地端引脚 1，黑表笔分别检测其余引脚，检测值称为正向电阻 $R_{正向}$；黑表笔接集成电路的地端引脚 1，红表笔分别检测其余引脚，检测值称为反向电阻 $R_{反向}$。检测结果接近表 8.4 所示数据为正常可用（不同类型的指针式万用表、不同挡位检测的值，有些差异属正常现象）。

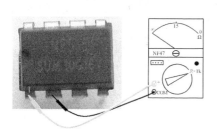 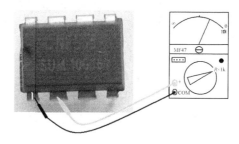

（a）"黑测红地"检测正向电阻 $R_{正向}$　　　　　（b）"红测黑地"检测反向电阻 $R_{反向}$

图 8.5　检测集成电路 NE555 的内电阻

**表 8.4　集成电路 NE555 的内电阻参考数据**

| 引脚 | 1 | 2 | 3 | 4 | 5 | 6 | 7 | 8 |
|---|---|---|---|---|---|---|---|---|
| $R_{正向}/k\Omega$ | 0 | ∞ | 31 | ∞ | 12 | 70 | ∞ | 20 |
| $R_{反向}/k\Omega$ | 0 | 10 | 8.5 | 10 | 9 | 10 | 8.5 | 7.5 |

## 8.1.2　操作结果与总结

将识别与检测双音门铃电路中元器件的有关数据填入表 8.5 中（每空 0.5 分，共 25 分）。

提示：指针式万用表测二极管时，$R_{正向}$表示黑表笔接二极管正极，红表笔接二极管负极。数字式万用表测二极管时 $U_{正向}$表示红表笔接二极管正极，黑表笔接二极管负极。

**表 8.5　双音门铃电路元器件识别与检测**

| 元器件代号 | 识别情况（电阻器写色环颜色；其他画外形示意图，标出标示、极性等） | 检测情况 | |
|---|---|---|---|
| | | 万用表挡位（指针式万用表和数字式万用表检测） | 测量结果 |
| $R_1$ | （色环颜色） | | 实测阻值： |
| $R_2$、$R_3$ | | | 实测阻值分别： |
| $R_4$ | | $R \times 10k$ | 实测阻值：4.71Ω |
| $R_5$ | | | |
| SB | （示意图） | | 按和不按各引脚通断情况： |
| $C_1$ | | | 指针式万用表测漏电情况：<br>数字式万用表测电容量： |
| $C_2$ | | | 指针式万用表测漏电情况：<br>数字式万用表测电容量： |
| $C_3$ | | | 指针式万用表测漏电情况：<br>数字式万用表测电容量： |
| $C_4$ | | | 指针式万用表测漏电情况：<br>数字式万用表测电容量： |

续表

| 元器件代号 | 识别情况（电阻器写色环颜色；其他画外形示意图，标出标示、极性等） | 检测情况 | |
| --- | --- | --- | --- |
| | | 万用表挡位（指针式万用表和数字式万用表检测） | 测量结果 |
| LED | | | 正向阻值（是否发光）：<br>反向阻值： |
| $VD_1$ | | $R \times 1k$ | $R_{正向} =$<br>$R_{反向} =$ |
| | | $R \times 10k$ | $R_{反向} =$ |
| $VD_2$ | | 🔊◄ | $U_{正向} =$<br>$U_{反向} =$ |
| B | （标出相位） | | 看见：<br>听到： |
| $V_{CC}$ | | | 实测电压值： |
| IC | | $R \times 1k$ | 引脚 2~8 的正向电阻分别为：<br>引脚 2~8 的反向电阻分别为： |

## 任务 8.2 装配双音门铃电路

**任务描述：**

首先设计出双音门铃电路的装配图，然后在一块万能板上插装、焊接元器件，最后在焊接面布线，完成电路的装配。

### 8.2.1 实践操作：设计与装配双音门铃电路

**器材准备** 装配双音门铃电路所需元器件和器材如表8.1和表8.2所示。

1 设计双音门铃电路装配图

根据元器件实际尺寸，在草稿纸上设计出合理、正确的装配图。

**提示：** 要制作美观、合理的装配图，需要反复练习，还可使用 Protel DXP 等电子 CAD 软件来辅助设计。

这里采用一块 70mm×45mm 的单孔万能板来装配双音门铃电路。根据双音门铃电路原理图的特点，以集成电路 NE555 为中心在草稿纸上布局：

1）在元件面布局，按元器件的分布"横平竖直、均匀、合理"的原则来布局。

2）根据实物尺寸在纸上定位，画出元器件外形示意图，分析所占孔位，如集成电路 NE555 占 16 个孔位，其余元器件同前面项目。

3）根据原理图关系在焊接面走线，以横平竖直、走线最短的原则布线，再检查、调整到最佳方案。图8.6所示为双音门铃电路的装配图，可参考设计。

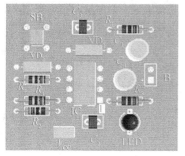
（a）元件面仿真布局图

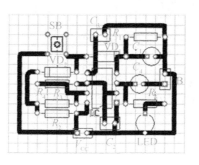
（b）装配图（正面）

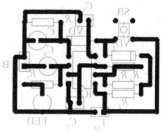
（c）焊接面走线图（反面）

图8.6 双音门铃电路装配图

2 装配双音门铃电路

第一步 按设计的装配图在单孔万能板插装和焊接元器件，操作过程如图8.7所示。

（a）插装与焊接电阻器、二极管　　（b）插装与焊接集成块插座与开关　　（c）插装与焊接余下元件

图8.7 双音门铃电路插装、焊接工艺过程

1）参照如图8.6（b）所示的装配图，卧式贴板插装电阻器、二极管；焊接、检查，剪切多余引脚。

2）贴板直插按钮、集成块插座，焊接、检查，剪切多余引脚。

3）直插电容器、发光二极管，焊接、检查，剪切多余引脚。

第二步 按设计的装配图在单孔电路板焊接面连接走线，并清洁焊接面。

第三步 连接电源输入、扬声器线路，完成效果如图8.8所示。

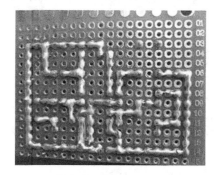

（a）元件面布局　　　　　　　　　　（b）焊接面走线

图8.8 万能板装配的双音门铃电路

### 8.2.2 操作结果与总结

| 评定内容 | 配分 | 评定标准 | 小组评分 | 教师评分 |
|---|---|---|---|---|
| 设计的装配图 | 3 | 设计不合理、不规范，扣 1~3 分 | | |
| 元件面布局 | 3 | 元器件布局不合理，扣 1~3 分 | | |
| 插装工艺 | 5 | 元器件插装不符合工艺要求，每处扣 1 分 | | |
| 焊接工艺 | 9 | 焊接点不符合焊接工艺要求，每处扣 0.5 分 | | |
| | | 总得分 | | |

## 任务 8.3 调测与检修双音门铃电路

**任务描述：**

装配好的双音门铃电路通过调试、检测、维修，将实现以下功能：

1) 通电后，按下 SB，发光二极管变亮，扬声器发出近似"叮"的声音。

2) 松开 SB，发光二极管逐渐熄灭，扬声器发出近似"咚"的声音。

### 8.3.1 实践操作：调测、分析双音门铃电路及其故障排除

**器材准备** 任务 8.2 装配的双音门铃电路及表 8.2 所示器材。

1 调测双音门铃电路

第一步 通电前检测电路是否短路。

正确插装集成电路 NE555，不按和按下 SB 时，使用指针式万用表的 $R \times 1k$ 挡检测电源输入端的正向电阻和反向电阻。不按 SB 时的检测方法如图 8.9 所示，电源输入端的正向电阻和反向电阻应分别为 $17k\Omega$ 和 $7k\Omega$。若正向电阻、反向电阻均小，则需检查电路，修复后才能通电。

（a）检测正向电阻　　　　　　　　　（b）检测反向电阻

图 8.9　用万用表 $R \times 1k$ 挡检测电源输入端的电阻

装配好的电路板按下 SB 时的检测结果为：$R_{正向} = $ _____，$R_{反向} = $ _____。

第二步　通电测试电压。

接通 9V 电源，此时电路应该没有任何现象。这时按下 SB，能看见 LED 发光，扬声器发出"叮"的声音；松开 SB，扬声器发出"咚"的声音。

在此过程中用指针式万用表测量：

1）电容器 $C_1$ 两端电压变化情况。

2）IC 各引脚的电位变化情况，测量方法如图 8.10 所示。

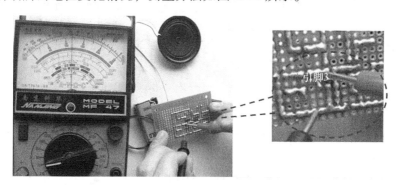

图 8.10　按下 SB 时测量 IC 的引脚 3 电位

将测量情况填入表 8.6 中。

表 8.6　测量双音门铃电路的电压

| 测试项目 | 按下 SB 时 | | | | | | | | 松开 SB 时 | | | | | | | |
|---|---|---|---|---|---|---|---|---|---|---|---|---|---|---|---|---|
| $C_1$ 两端电压变化范围/V | | | | | | | | | | | | | | | | |
| IC（NE555）的各引脚电位/V | 1 | 2 | 3 | 4 | 5 | 6 | 7 | 8 | 1 | 2 | 3 | 4 | 5 | 6 | 7 | 8 |

第三步　通电测试电流。

1）使用电烙铁焊开 IC 的引脚 3 输出连接线路，形成 1 个开口点。

2）将数字式万用表调至电流挡，并串联在开口处。

3）接通电源，按下 SB 和松开 SB 时，观察电流变化情况，并将测量结果填入表 8.7 中。

表 8.7　测量 NE555 引脚 3 的输出电流

| 测试项目 | 按下 SB 时 | 松开 SB 时 |
|---|---|---|
| NE555 引脚 3 的输出电流/A | | |

### 2　分析双音门铃电路

通过对电路电压、电流的测试，从测量数据中理解电路的工作原理。

1）如图 8.11 所示，把 NE555 的引脚 4 断开或直接接 9V 电源，将听到什么？为什么？

分析提示：NE555 的引脚 4 为复位端，当引脚 4 悬空或直接接电源正极时，接通电源

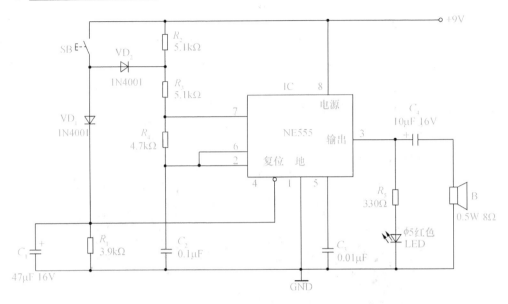

图 8.11　双音门电路

的电路会一直处于工作状态。

2）如图 8.11 所示，NE555 与外围元件构成一个什么电路？

分析提示：电路中 NE555 的引脚 2、6 连接在一起，与外围的定时元件 $R_2$、$R_3$、$R_4$、$C_2$ 就构成了多谐振荡器。

3）在图 8.11 所示电路中，为什么按下和松开 SB 时发出的声音不一样？为什么会出现两种声音呢？

分析提示：按下 SB 时，振荡频率为 $f = 1.44/[(R_3 + 2R_4) \times C_2]$；松开 SB 时，振荡频率为 $f = 1.44/[(R_2 + R_3 + 2R_4) \times C_2]$，故两次发声频率不同。

**3　排除双音门铃电路故障**

该门铃电路只要插装、焊接、连线正确，通电即可发出"叮咚"声，因此装配成功的几率很大。出现故障大多是因为焊接有问题，连接线路错误，以及集成电路插装错误等。

单孔万能板装配的双音门铃电路出现的常见故障现象及排除方法如表 8.8 所示。

表 8.8　双音门铃电路常见故障及其排除方法

| 故障现象 | 检修方法 | 故障可能原因 | 排除故障的方法 |
|---|---|---|---|
| 按下 SB，扬声器不发声，LED 不发光 | 观察法、电阻法、电压法 | 1）SB 开路，不起作用；<br>2）NE555 插错或集成块损坏；<br>3）$C_1$ 短路；<br>4）电路供电不正常 | 1）检查 SB，直接短路 SB 试验；<br>2）检查 NE555 安装情况及各引脚电压；<br>3）检查 $C_1$ 两端电压；<br>4）检查 NE555 供电情况 |

续表

| 故障现象 | 检修方法 | 故障可能原因 | 排除故障的方法 |
|---|---|---|---|
| 按下 SB, 扬声器不发声, LED 发光 | 观察法 | 扬声器支路开路或扬声器损坏 | 检查扬声器及扬声器支路 |
| 不按 SB, LED 发光, 扬声器一直发出一种声音 | 观察法、电阻法 | NE555 的引脚 4 开路 | 检查 NE555 的引脚 4 与 $C_1$ 的连接 |

## 8.3.2 操作结果与总结

| 评定内容 | 配分 | 评定标准 | 小组评分 | 教师评分 |
|---|---|---|---|---|
| 电路功能 | 15 | 1) 按下 SB, 扬声器不能发出"叮"的声音, 扣 5 分; <br> 2) 松开 SB, 扬声器不能发出"咚"的声音, 扣 5 分; <br> 3) LED 不能随"叮"亮, 随"咚"灭, 扣 5 分 | | |
| 通电前检测 | 5 | 1) 不能检测扣 5 分; <br> 2) 检测有错, 每错 1 处扣 1~2 分 | | |
| 电压检测 | 6 | 表 8.6 错 1 空扣 0.5 分 | | |
| 电流检测 | 4 | 表 8.7 错 1 空扣 1 分 | | |
| 电路分析 | 5 | 基本能分析得 1~5 分 | | |
| 故障检修 | 5 | 焊接点不符合焊接工艺要求, 每处扣 0.5 分 | | |
| 总得分 | | | | |

# 知识链接: 集成电路与时基集成电路 NE555

### 1 集成电路

(1) 概述

集成电路(简称 IC)是一种微型电子器件或部件。它是采用一定的工艺把一个电路中所需的晶体管、二极管、电阻器、电容器和电感器等元件及布线互连一起, 集成在一小块或几小块半导体晶片或介质基片上, 然后封装在一个管壳内, 成为具有所需电路功能的微型结构; 其中的所有元件在结构上已组成一个整体, 这样, 整个电路的体积大大缩小了, 且引出线和焊接点的数目也大为减少, 从而使电子元件向着微型化、低功耗和高可靠性方面迈进了一大步。

集成电路具有体积小, 重量轻, 引出线和焊接点少, 寿命长, 可靠性高, 性能好等优点, 同时成本低, 便于大规模生产。用集成电路来装配电子设备, 其装配密度可比晶体管提高几十倍至几千倍, 设备的稳定工作时间也可大大提高。

(2) 分类

1) 按功能结构分类。集成电路按其功能结构的不同可以分为模拟集成电路、数字集成电路和数/模混合集成电路三大类。模拟集成电路又称为线性电路, 用来产生、放大和处理各种模拟信号, 其输入信号和输出信号成比例关系。数字集成电路用来产生、放大和处理各种数字信号。

2）按制作工艺分类。集成电路按制作工艺的不同，可分为半导体集成电路和膜集成电路。膜集成电路又分为厚膜集成电路和薄膜集成电路。

3）按集成度高低分类。集成电路按集成度高低的不同可分为小规模集成电路、中规模集成电路、大规模集成电路、超大规模集成电路、特大规模集成电路和巨大规模集成电路。

4）按导电类型不同分类。集成电路按导电类型的不同可分为双极型集成电路和单极型集成电路，它们都是数字集成电路。

双极型集成电路的制作工艺复杂，功耗较大，代表集成电路有 TTL、ECL、HTL、LST－TL、STTL 等类型。单极型集成电路的制作工艺简单，功耗也较低，易于制成大规模集成电路，代表集成电路有 CMOS、NMOS、PMOS 等类型。

5）按用途分类。集成电路按用途的不同可分为电视机用集成电路、音响用集成电路、影碟机用集成电路、录像机用集成电路、计算机（微机）用集成电路、电子琴用集成电路、通信用集成电路、照相机用集成电路、遥控集成电路、语言集成电路、报警器用集成电路及各种专用集成电路。

6）按应用领域分类。集成电路按应用领域的不同可分为标准通用集成电路和专用集成电路。

7）按外形分类。集成电路按外形的不同可分为圆形集成电路（金属外壳晶体管封装型，一般适合用于大功率）、扁平形集成电路（稳定性好，体积小）和双列直插型集成电路。

（3）集成电路的封装形式

按不同的安装形式，目前集成电路的封装种类有几十种，常用的有单列直插 SDIP 封装，如图 8.12（a）所示；有双列直插 DIP 封装，如图 8.12（b）所示。

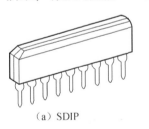 

（a）SDIP        （b）DIP

图 8.12　插件式集成电路的常用封装形式

双侧短引脚贴装封装 SOP，如图 8.13（a）所示；球形触点陈列表面贴装 BGA，如图 8.13（b）所示；四侧无引脚扁平封装 LCC，如图 8.13（c）所示；带引线的塑料贴装 PLCC，如图 8.13（d）所示；印制板上裸装 COB，如图 8.13（e）所示；表面贴装型 PGA，如图 8.13（f）所示等。

（4）中国集成电路产业的发展

近几年，中国集成电路产业取得了飞速发展，已经形成了 IC 设计、制造、封装测试三大产业及支撑配套业共同发展的较为完善的产业链格局。随着 IC 设计和芯片制造行业的迅猛发展，国内集成电路价值链格局继续改变，其总体趋势是设计业和芯片制造业所占比例迅速上升。集成电路的设计、制造、封装是中国非常有发展空间和前景的产业。

(a) SOP　　　　　　　(b) BGA　　　　　　　(c) LCC

（d）PLCC　　　　　　（e）COB　　　　　　　（f）PGA

图 8.13　常用的贴装集成电路的封装形式

### 2　时基集成电路 NE555

时基集成电路 NE555 是美国 Signetics 公司 1972 年研制的，用于取代机械式定时器的中规模集成电路，因输入端设计有 3 个 5kΩ 的电阻器而称为"555"。目前，流行的 555 系列集成电路主要有 4 个，其中晶体管构成的两个：555，556（含有两个 555）；场效应管构成的两个：7555，7556（含有两个 7555）。

555 时基集成电路可以说是模拟电路与数字电路结合的典范。NE555 的内部结构如图 8.14（a)所示，它由一个分压电路、两个比较器、一个 RS 触发器和一个放电管及功率输出级组成。电源电压范围宽，可在 4.5～16V 工作，输出电流可达 200mA。

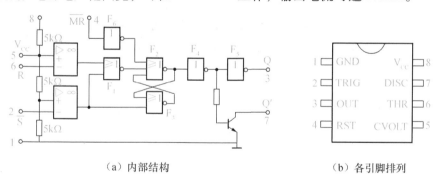

（a）内部结构　　　　　　　　　　（b）各引脚排列

图 8.14　NE555 的内部结构和引脚排列

NE555 各引脚功能如表 8.9 所示。

表 8.9　NE555 引脚功能

| 引脚 | 英文缩写 | 功　能 | 引脚 | 英文缩写 | 功　能 |
|---|---|---|---|---|---|
| 1 | GND | 接地端（电源负极） | 5 | CVOLT | 控制电压 |
| 2 | TRIG | 低触发输入端，低于1/3电源电压时即导通 | 6 | THR | 阀值端，高于2/3电源电压时即截止 |
| 3 | OUT | 输出端 | 7 | DISC | 放电端 |
| 4 | RST | 复位端，工作时与电源正极相连或悬空 | 8 | V$_{CC}$ | 电源正极 |

两个比较器同相输入端的参考电压分别为 $V_{CC}/3$ 和 $2V_{CC}/3$，两个比较器的另一个输入端——低触发输入和阈值输入，根据输入值可判断出 RS 触发器的输出状态。当复位端为低电平时，RS 触发器被强制复位。若无需复位操作，复位端应接高电平。

555 集成电路成本低，性能可靠，只需要外接几个电阻器、电容器，即可实现多谐振荡器、单稳态触发器及施密特触发器等脉冲产生与变换电路。广泛应用于仪器仪表、家用电器、电子测量及自动控制等方面。

双音门铃中 NE555 组成的是多谐振荡器，那么它是如何振荡的呢？当引脚 4 为高电平或悬空时，电路将处于工作状态。电源通过 $R_2$、$R_3$、$R_4$ 对 $C_2$ 充电，开始 $C_2$ 两端电压较低，低于电源电压的 1/3，NE555 的引脚 2 低电平触发，NE555 输出高电平，内部放电管截止，引脚 7 开路，继续充电；当 $C_2$ 充电电压高于电源电压的 2/3 后，引脚 6 高电平触发，NE555 输出低电平，内部放电管饱和，引脚 7 接地；此时，$C_2$ 通过 $R_4$ 由引脚 7 放电，$C_2$ 上电压又降到电源电压的 1/3，NE555 的引脚 2 又低电平触发，NE555 又输出高电平，如此反复而形成振荡。可见，通过改变 $R_2$、$R_3$、$R_4$、$C_2$ 的参数，振荡器的频率会发生改变，扬声器发声音调也会不同。

## 项目实训评价：用万能板制作双音门铃电路操作综合能力评价

| 评定内容 | 配分 | 评定标准 | | 小组评分 | 教师评分 |
|---|---|---|---|---|---|
| 任务 8.1 | 25 | 按任务 8.1 操作结果与总结表评分 | 完成时间 | | |
| 任务 8.2 | 20 | 按任务 8.2 操作结果与总结表评分 | 完成时间 | | |
| 任务 8.3 | 40 | 按任务 8.3 操作结果与总结表评分 | 完成时间 | | |
| 安全文明操作 | 5 | 1）工作台不整洁，扣 1～2 分；<br>2）违反安全文明操作规程，扣 1～5 分 | | | |
| 表现、态度 | 10 | 好，得 10 分；较好，得 7 分；一般，得 3 分；差，得 0 分 | | | |
| 总得分 | | | | | |

做一做

用两只电阻器，1 只光敏二极管，两只电容器，1 只 9013 的三极管，1 只扬声器，1 只 NE555 集成电路和 1 块万能板制作 1 个电子鸟，其原理图如图 8.15 所示。

**制作提示：** 由 NE555 组成多谐振荡器，其振荡频率为 $f = 1.44/[(R_1 + 2R_{VD}) \times C_1]$，光敏二极管 VL 受光照强度影响较大，光强时，阻值小，频率高；光弱时，阻值大，频率低。光敏二极管 VL 工作在反向工作状态，用万用表 $R \times 10k$ 挡检测，正向电阻小但不受光照影响；而反向电阻受光照影响，光强时阻值小，光弱时阻值大。

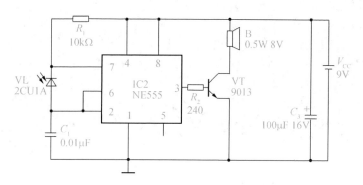

图 8.15　光控电子鸟电路原理图

---

想一想

1. 用万能板制作双音门铃电路的工艺流程是：_____

_____。

2. 什么是集成电路？按集成度分有哪几类？常见的封装有哪些？

3. 如何检测判断集成电路的质量？

4. 对于双音门铃电路，在按下 SB 和松开 SB 时，为什么会发出两种不同音调的声音？

# 项目 9

# 制作流水灯电路

用 CD4017 和 NE555 就可以制作一个节日彩灯——流水灯，制作过程不需编写程序，电路也十分简单。流水灯电路原理图如图 9.1（a）所示，流水灯电路装配后的实物如图 9.1（b）所示。

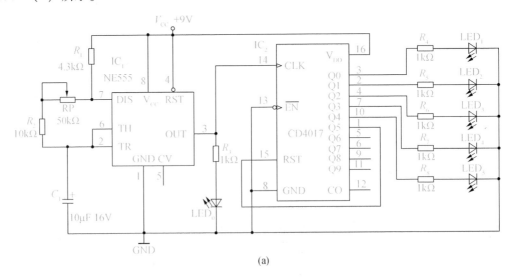

(a)

图 9.1 流水灯电路

(b)

图9.1 流水灯电路（续）

流水灯电路由一个多谐振荡器和一个十进制计数器组成。NE555 构成一个多谐振荡器，其任务是产生几赫兹矩形脉冲，作为 CD4017 的时钟脉冲，调节 RP 可改变矩形脉冲的频率。多谐振荡器的工作原理是：当 NE555 接通电源后，引脚 4 为高电平，使内部电路处于工作状态，电源通过 $R_1$、RP、$R_2$ 对 $C_1$ 充电，但由于 $C_1$ 上的电压低于 3V，引脚 2 低电平触发，使引脚 3 输出高电平，随着时间的推移，$C_1$ 两端电压逐渐升高，当高于 6V 时，引脚 6 高电平触发，使引脚 3 输出低电平；同时，NE555 内部三极管饱和，引脚 7 接地，$C_1$ 通过 $R_2$、RP 由引脚 7 接地放电，$C_1$ 两端电压下降，降到 3V 以下时引脚 2 低电平触发，又使引脚 3 输出高电平，如此反复而振荡，高电平宽度 $T_1 = 0.693 \times (R_1 + RP + R_2)C_1$，低电平宽度 $T_2 = 0.693 \times (RP + R_2)C_1$。

CD4017 是十进制计数器集成电路，其基本功能是在 NE555 产生的脉冲作用下，$Q_0 \sim Q_9$ 依次循环输出高电平，使对应引脚的发光二极管依次发光，就像流水一样，故称为"流水灯"。

制作流水灯的工作流程如下所示。

任务 9.1 识别与检测流水灯电路的元器件

任务描述：

流水灯电路中的电阻器、电容器、发光二极管、时基集成电路 NE555，前面项目中已作介绍，这里主要认识和检测集成电路 CD4017，并完成该电路所有元器件的检测，并将数据填入表 9.5 中。

### 9.1.1 实践操作：识别与检测流水灯电路的元器件

**器材准备** 本项目所需元器件如表9.1所示。

**表9.1 制作流水灯所需元器件**

| 代号 | 名称 | 规格/型号 | 数量/只 | 代号 | 名称 | 规格/型号 | 数量/只 |
|------|------|-----------|---------|------|------|-----------|---------|
| $R_1$ | 电阻器 | $4.3k\Omega \pm 5\%$ | 1 | RP | 电位器 | $50k\Omega$ | 1 |
| $R_2$ | 电阻器 | $10k\Omega \pm 5\%$ | 1 | $LED_0$ | 发光二极管 | $\phi 5$ 绿色 | 1 |
| $R_3 \sim R_8$ | 电阻器 | $1k\Omega \pm 1\%$ | 5 | $LED_1 \sim LED_5$ | 发光二极管 | $\phi 5$ 红色 | 5 |
| $C_1$ | 电解电容器 | $10\mu F$ 16V | 1 | $IC_2$ | 数字集成电路 | CD4017 | 1 |
| $IC_1$ | 集成电路 | NE555 | 1 | $V_{CC}$ | 电池或直流电源 | 9V | 1 |

注：电阻器均用插件式，功率0.25W。

本任务所需装配工具、仪表如表9.2所示。

**表9.2 制作流水灯所需工具和仪表**

| | |
|------|------|
| 工具 | 35W电烙铁焊接工具（含烙铁架、松香、焊锡丝、海绵适量）1套，斜口钳、镊子、锉刀、尖嘴钳各1把，细砂纸少量，$\phi 4$的一字旋具1把 |
| 仪表 | MF47型万用表1只，DT9205型数字式万用表1只 |
| 其他材料 | 有鳄鱼夹的电池扣1套，单孔万能板（70mm×45mm）1块，导线（双股电话线）50cm，8个引脚的集成块插座、16个引脚的集成块插座各1个 |

**1 认识流水灯电路的元器件实物外形**

流水灯电路所需元器件实物如图9.2所示。

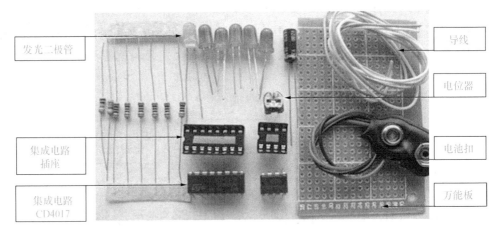

图9.2 流水灯的元器件

**2 识别与检测集成电路CD4017**

**第一步** 识别集成电路CD4017。

CD4017或HCF4017BE是CMOS数字集成电路，它由十进制计数器电路和时序译码电路两部分组成，十进制计数器实质上是一种串行移位寄存器，时序译码电路对十进制数进行译码，因此在时钟脉冲的作用下，$Q_0 \sim Q_9$ 输出端依次输出高电平，并且每次只有一个输出端为高电平，其余引脚都输出低电平，且每满 10 个脉冲，进位端 CO 输出一个进位脉冲。图 9.3 所示为 CD4017 引脚排列图，各引脚功能如表 9.3 所示。

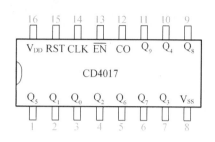

图 9.3　CD4017 实物和引脚排列图

表 9.3　CD4017 各引脚功能

| 引脚 | 1 | 2 | 3 | 4 | 5 | 6 | 7 | 8 |
|---|---|---|---|---|---|---|---|---|
| 符号 | $Q_5$ | $Q_1$ | $Q_0$ | $Q_2$ | $Q_6$ | $Q_7$ | $Q_3$ | $V_{SS}$ |
| 功能 | 第5输出端 | 第1输出端 | 第0输出端 | 第2输出端 | 第6输出端 | 第7输出端 | 第3输出端 | 电源负端 |
| 引脚 | 9 | 10 | 11 | 12 | 13 | 14 | 15 | 16 |
| 符号 | $Q_8$ | $Q_4$ | $Q_9$ | CO | $\overline{EN}$ | CLK | RST | $V_{DD}$ |
| 功能 | 第8输出端 | 第4输出端 | 第9输出端 | 进位脉冲输出端 | 时钟允许输入端 | 上升沿时钟脉冲输入端 | 清零输入端 | 电源正端 |

**第二步**　检测集成电路 CD4017。

CD4017 的质量检测，可用指针式万用表的 $R \times 1k$ 挡检测其内电阻，检测结果接近表 9.4 所示数据，则正常可用（不同类型的指针式万用表，不同挡位检测的值，有些差异属正常现象）。

表 9.4　集成电路 CD4017 的内电阻参考数据

| 引脚 | 1 | 2 | 3 | 4 | 5 | 6 | 7 | 8 |
|---|---|---|---|---|---|---|---|---|
| $R_{正向}/k\Omega$ | 17 | 17 | $\infty$ | 17 | 17 | 17 | 17 | 0 |
| $R_{反向}/k\Omega$ | 11 | 11 | 11 | 11 | 11 | 11 | 11 | 0 |
| 引脚 | 9 | 10 | 11 | 12 | 13 | 14 | 15 | 16 |
| $R_{正向}/k\Omega$ | 20 | 20 | 20 | $\infty$ | $\infty$ | $\infty$ | $\infty$ | $\infty$ |
| $R_{反向}/k\Omega$ | 11 | 11 | 11 | 11 | 12 | 12 | 12 | 7.5 |

## 9.1.2 操作结果与总结

将识别与检测流水灯电路中，元器件的有关数据填入表 9.5 中（识别情况和表挡位每空 0.5 分，测量结果每空 1 分，共 25 分）。

表 9.5 流水灯元器件识别与检测表

| 元器件代号 | 识别情况（电阻器写色环颜色；其他画外形示意图，标出标示、极性等） | 检测情况 | |
| --- | --- | --- | --- |
| | | 万用表挡位（指针式万用表和数字式万用表检测） | 测量结果 |
| $R_1$ | （色环颜色） | | 实测阻值： |
| $R_2$ | | | 实测阻值： |
| $R_3 \sim R_8$ | | | 实测阻值分别为： |
| $C_1$ | | | 指针式万用表测漏电情况： |
| | | | 数字式万用表测电容量： |
| RP | | | 固定阻值： |
| | | | 阻值变化情况： |
| $LED_0$ | | | 正向阻值（是否发光）： |
| | | | 反向阻值（是否发光）： |
| $LED_1 \sim LED_5$ | | | 正向阻值（是否发光）分别为： |
| | | | 反向阻值分别为： |
| $V_{CC}$ | | | 实测电压值： |
| $IC_1$ | | | 引脚 2 ~ 8 正向电阻分别为： |
| | | $R \times 1k$ | 引脚 2 ~ 8 反向电阻分别为： |
| $IC_2$ | | | 引脚 2 ~ 16 正向电阻分别为： |
| | | $R \times 1k$ | 引脚 2 ~ 16 反向电阻分别为： |

## 任务 9.2 装配流水灯

**任务描述：**

首先，根据流水灯原理图按集成电路实际排列重新画原理图，设计出流水灯装配图；然后在一块万能电路板上插装、焊接元器件；最后在焊接面布线，完成电路的装配。

### 9.2.1 实践操作：设计并装配流水灯电路

**器材准备** 装配流水灯所需元器件和器材如表 9.1 和表 9.2 所示（或利用计算机及 Protel DXP 软件）。

1 设计流水灯电路装配图

在草稿纸上根据元器件实际尺寸画出合理、符合要求的装配图（可在计算机上使用 Protel DXP 等软件设计）。

使用一块 70mm×45mm 的单孔万能板装配流水灯，设计流水灯装配图有以下几点要求：

1）在元件面摆放好两块集成电路的位置。

2）RP 要放置在便于调节的电路板边缘位置，元件面可设置跳线，但尽可能少设置跳线。

3）6个发光二极管最好排列整齐，按发光的先后顺序排列，使效果就像流水一样。图9.4所示为流水灯的装配图，可参考设计。

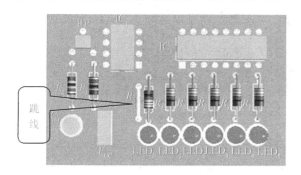

（a）元件面仿真布局图　　　　　　　　（b）装配图(正面)

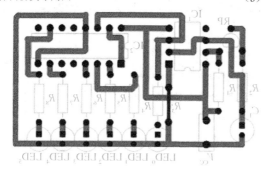

（c）焊接面走线图(反面)

图9.4　流水灯装配图

2 装配流水灯

第一步　按设计的装配图在单孔电路板插装和焊接元器件，操作过程如图9.5所示。

1）焊接成品如图9.6（b）所示。卧式贴板插装电阻器，并焊接、检查，剪切多余引脚。

2）贴板直插集成块插座和电位器，焊接、检查，剪切多余引脚。

3）直插发光二极管和电容器，注意 $LED_0$ 为绿色，其余发光二极管为红色，焊接、检查，剪切多余引脚。

（a）插装与焊接电阻器　　（b）插装与焊接集成　　　　（c）插装与焊接发光
　　　　　　　　　　　　　　　　块插座与电位器　　　　　　　二极管和电容器

图9.5　插装、焊接流水灯电路工艺过程

第二步　按设计的装配图在万能板焊接面连接走线，如图9.6（b）所示。

第三步　连接电源输入线，完成效果如图9.6所示。

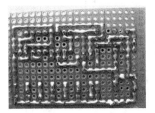

（a）元件面布局　　　　　　　　（b）焊接面走线

图9.6　完成的流水灯

## 9.2.2　操作结果与总结

| 评定内容 | 配分 | 评定标准 | 小组评分 | 教师评分 |
|---|---|---|---|---|
| 设计的装配图 | 3 | 设计不合理、不规范扣1~3分 | | |
| 元件面布局 | 3 | 元器件布局不合理，扣1~3分 | | |
| 插装工艺 | 5 | 元器件插装不符合工艺要求，每处扣1分 | | |
| 焊接工艺 | 9 | 焊接点不符合焊接工艺要求，每处扣0.5分 | | |
| 总得分 | | | | |

## 任务 9.3　调测与检修流水灯

任务描述：

装配好的流水灯通过调试、检测、维修将实现以下功能：

1）通电后，绿色发光二极管 $LED_0$ 闪烁（时亮时灭），调节 RP 时 $LED_0$ 闪烁频率改变。

2）红色发光二极管 $LED_1 \sim LED_5$ 会随着 $LED_0$ 的闪烁频率依次被点亮，像流水一样。

### 9.3.1 实践操作：调试、分析流水灯电路及其故障排除

**器材准备** 任务9.2装配的流水灯及表9.2所示的器材。

<u>1</u> 调测流水灯电路

**第一步** 通电前检测电路是否短路。

正确插装集成电路NE555和CD4017于插座上，用指针式万用表的 $R \times 1k$ 挡检测电源输入端的正向电阻和反向电阻分别为20kΩ和7kΩ。若正向电阻和反向电阻均小，则需检查电路，修复后才能通电。检测方法如图9.7所示。

（a）检测正向电阻 （b）检测反向电阻

图9.7 用万用表 $R \times 1k$ 挡检测电源输入端的电阻

装配的电路板检测结果为：$R_{正向} = $ _____，$R_{反向} = $ _____。

**第二步** 通电测试电压。

接通9V电源，此时 $LED_0$ 就会闪烁，$LED_1 \sim LED_5$ 依次点亮，调节RP，$LED_1 \sim LED_5$ 点亮速度会变慢或变快。调节RP，使 $LED_0$ 闪烁频率大约在1Hz。用指针式万用表测量：

1）电容器 $C_1$ 两端电压的变化情况。

2）$IC_1$ 和 $IC_2$ 各引脚的电位变化情况。

将测量情况填入表9.6中。

**表9.6 测量流水灯的电压**

| 测试项目 | 对地电位或电位变化情况 | | | | | | | | | | | | | | | |
|---|---|---|---|---|---|---|---|---|---|---|---|---|---|---|---|---|
| $C_1$/V | | | | | | | | | | | | | | | | |
| $IC_1$ | 1 | 2 | 3 | 4 | 5 | 6 | 7 | 8 | | | | | | | | |
| $IC_2$ | 1 | 2 | 3 | 4 | 5 | 6 | 7 | 8 | 9 | 10 | 11 | 12 | 13 | 14 | 15 | 16 |

**第三步** 通电测试电流。

将数字式万用表调至电流挡，并串联于电源输入回路中，通电观察电流的变化情况，将测量结果填入表9.7中。

表 9.7　测量流水灯电路总电流

| 测试项目 | 电流值/mA | 估算功耗 |
|---|---|---|
| 电流 | | |

### 2　分析流水灯电路

通过对电路电压、电流的测试，从测量数据中理解电路的工作原理。

1）如图 9.8 所示，若把 NE555 的引脚 4 断开或接电源负极，会看到什么现象？为什么？

分析提示：NE555 的引脚 4 为复位端，属于低电平复位，工作时应将引脚 4 悬空或接高电位。

2）如图 9.8 所示，若 $C_1$ 断开或短路或容量减小，会看到什么现象？为什么？

分析提示：电路中 $C_1$ 为振荡器的定时电容，决定了振荡频率。

3）如图 9.8 所示，若 CD4017 的引脚 13 接高电平或悬空，会出现什么现象？为什么？

分析提示：见知识链接。

4）如图 9.8 所示，若 CD4017 的引脚 15 接高电平或悬空会出现什么现象？为什么？

分析提示：见知识链接。

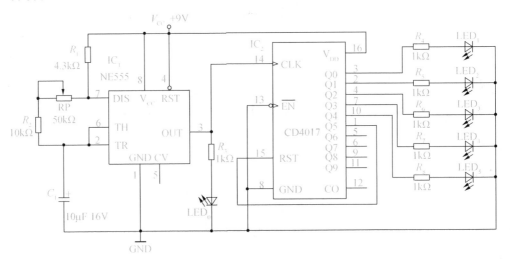

图 9.8　流水灯电路

### 3　排除流水灯故障

流水灯电路只要插装、焊接、连线正确，通电即可看到流水灯效果，因此装配成功的几率很大。出现故障大多是由于焊接有问题，连接线路错误，以及集成电路插装错误等。

单孔万能板装配的流水灯出现的常见故障现象及排除方法，如表 9.8 所示。

表 9.8　流水灯故障及其排除方法

| 故障现象 | 检修方法 | 故障可能原因 | 排除故障的方法 |
|---|---|---|---|
| 所有 LED 不发光 | 观察法、电阻法、电压法 | 1）电源开路；<br>2）NE555 集成块损坏；<br>3）线路连接错误 | 1）测电源电压；<br>2）检测 NE555 各引脚电压；<br>3）观察线路连接情况 |
| $LED_0$ 发光，但不闪烁，$LED_1 \sim LED_5$ 只有一个发光，无流水效果 | 观察法 | NE555 没有振荡，引脚 2 为低电平，引脚 3 为高电平 | 检查 $C_1$ 是否短路，检测 NE555 各引脚电压，并分析故障位置 |
| $LED_0$ 闪烁且可调，$LED_1 \sim LED_5$ 无流水效果 | 观察法、电阻法 | CD4017 工作不正常或发光二极管短路 | 检查 CD4017 的各引脚电压，分析故障位置，以及检测发光二极管 |

## 9.3.2　操作结果与总结

| 评定内容 | 配分 | 评定标准 | 小组评分 | 教师评分 |
|---|---|---|---|---|
| 电路功能 | 15 | 1）$LED_0$ 不闪烁，扣 5 分；<br>2）$LED_1 \sim LED_5$ 不能实现流水闪烁，扣 5 分；<br>3）发光二极管闪烁不能调节，扣 5 分 | | |
| 通电前检测 | 5 | 1）不会检测，扣 5 分；<br>2）检测有错，每错 1 处扣 1~2 分 | | |
| 电压检测 | 6 | 表 9.6 错 1 空扣 0.5 分 | | |
| 电流检测 | 4 | 表 9.7 错 1 空扣 2 分 | | |
| 电路分析 | 5 | 基本能分析得 1~5 分 | | |
| 故障检修 | 5 | 焊接点不符合焊接工艺要求，每处扣 0.5 分 | | |
| 总得分 | | | | |

## 知识链接：　集成电路 CD4017

集成电路 CD4017 是十进制计数/时序译码器，又称为十进制计数脉冲分频器。在国外的产品典型型号为 CD4017，国内标准型号为 CC4017，常见的型号还有 HCF4017。

集成电路 CD4017 内部由计数器及译码器两部分组成，由译码输出实现对脉冲信号的分配，整个输出时序就是 $Q_0$、$Q_1$、$Q_2$、…、$Q_9$，依次出现与时钟同步的高电平，宽度等于时钟周期。

CD4017 有 10 个译码输出端（$Q_0 \sim Q_9$）和 1 个进位输出端 CO。每输入 10 个计数脉冲，CO 就可得到 1 个进位正脉冲，该进位输出信号可作为下一级的时钟信号。

CD4017 有 3 个输入端（RST、CLK 和 $\overline{\text{EN}}$），RST 为清零端，当在 RST 端上加高电平或正脉冲时，其输出 $Q_0$ 为高电平，其余输出端（$Q_1 \sim Q_9$）均为低电平。CLK 和 $\overline{\text{EN}}$ 是时钟输入端和时钟允许输入端，时钟输入端的施密特触发器具有脉冲整形功能，对输入时钟脉冲上升和下降时间无限制。$\overline{\text{EN}}$ 为低电平时，计数器在时钟上升沿计数；反之，计数功能无效。

CD4017 提供了 16 引线多层陶瓷双列直插、熔封陶瓷双列直插、塑料双列直插和陶瓷片状载体 4 种封装形式。推荐工作条件为：电源电压范围为 $3 \sim 15\text{V}$；输入电压范围为 $0 \sim V_{DD}$；工作温度范围为 $40 \sim 85℃$。

图 9.9 所示为 CD4017 内部结构。可见，CD4017 内部由 5 个 D 触发器和译码器构成。表 9.9 所示为 CD4017 工作真值表。

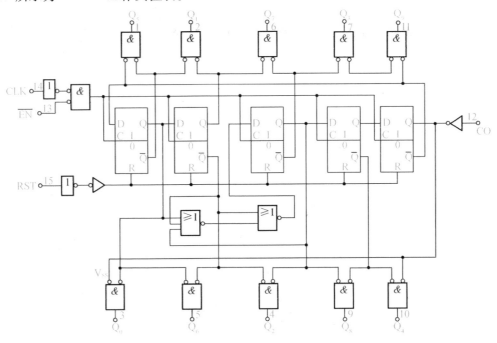

图 9.9　CD4017 内部结构

**表 9.9　CD4017 真值表**

| 输入 | | | 输出 | |
| --- | --- | --- | --- | --- |
| CLK | $\overline{\text{EN}}$ | RST | $Q_0 \sim Q_9$ | CO |
| × | × | H | $Q_0$ 为 H，其余端为 L | 每输入 10 个计数脉冲，CO 就可得到 1 个进位正脉冲 |
| ↑ | L | L | 计数 | |
| H | ↓ | L | | |
| L | × | L | 保持 | / |
| × | H | L | | |
| ↓ | × | L | | |
| × | ↑ | L | | |

## 项目实训评价：用万能板制作流水灯电路操作综合能力评价

| 评定内容 | 配分 | 评定标准 | | 小组评分 | 教师评分 |
|---|---|---|---|---|---|
| 任务9.1 | 25 | 按任务9.1操作结果与总结表评分 | 完成时间 | | |
| 任务9.2 | 20 | 按任务9.2操作结果与总结表评分 | 完成时间 | | |
| 任务9.3 | 40 | 按任务9.3操作结果与总结表评分 | 完成时间 | | |
| 安全文明操作 | 5 | 1）工作台不整洁，扣1~2分；<br>2）违反安全文明操作规程，扣1~5分 | | | |
| 表现、态度 | 10 | 好，得10分；较好，得7分；一般，得3分；差，得0分 | | | |
| 总得分 | | | | | |

做一做

在流水灯的电路原理图基础上增加为10路流水灯，并使用万能板来制作设计的彩灯。

想一想

1. 单孔万能板制作流水灯的工艺流程是：＿＿＿＿＿＿＿＿＿＿＿＿＿＿＿＿＿＿＿＿＿

＿＿＿＿＿＿＿＿＿＿＿＿＿＿＿＿＿＿＿＿＿＿＿＿＿＿＿＿＿＿＿＿＿＿＿＿＿。

2. 在流水灯的电路原理图中，CD4017的引脚13悬空或引脚15悬空分别会出现什么故障？

# 项目 10
## 制作喊话器电路

LM386 和 LM358 一起可构成一个喊话器，它还可以作为助推器、窃听器或随身音箱。喊话器原理图如图 10.1（a）所示，在万能板上装配后的实物如图 10.1（b）所示。

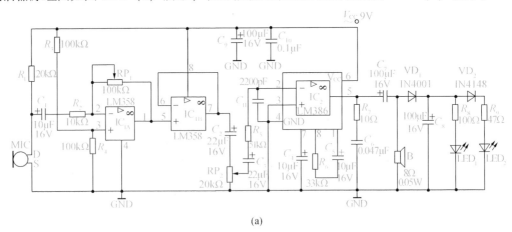

(a)

图 10.1　喊话器

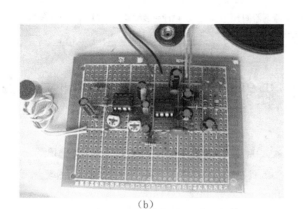

（b）

图 10.1　喊话器（续）

可见，喊话器电路由拾音电路、音频信号电压放大电路、缓冲电路、音量调节电路、音频信号功率放大电路、扬声器和电平指示电路组成。

拾音电路由驻极体传声器 MIC、偏置电阻器 $R_1$ 和耦合电容器 $C_1$ 构成。电源电压通过 $R_1$ 向驻极体传声器提供工作电压，当驻极体传声器检测到声音信号后转换为音频信号并从漏极输出，由 $C_1$ 耦合至放大级。

音频信号电压放大电路由 LM358 的第一级运算放大器（简称运放）组成的反相比例运放，完成对驻极体传声器感应的音频信号进行电压放大，调节 $RP_1$ 可改变放电器的放大倍数，到达拾音灵敏度的调节。

缓冲电路由 LM358 的第二级运放组成的同相电压跟随电路，起到缓冲、隔离、阻抗匹配的作用。

音量调节电路主要由 $RP_2$ 构成，经过放大的音频信号由 $C_2$ 耦合，在 $RP_2$ 上形成音频信号电压，调节 $RP_2$ 可改变输入到 LM386 的信号幅度，实现音量调节。调节后的音频信号再经 $C_3$ 耦合，$R_5$ 限幅输入到 LM386 的第 2 引脚进行功率放大。

音频信号功率放大电路主要由集成功率放大器（简称功放）LM386 构成，它的任务就是对输入的音频信号进行功率放大，由 $C_7$ 耦合到扬声器，使扬声器发出声音。在电路中，$C_{11}$ 减弱啸叫；$C_4$ 减少噪声干扰；$R_6$ 和 $C_5$ 为功率放大增益调节元件，改变 $R_6$、$C_5$ 的值或接法可实现增益调节；$C_9$ 和 $C_{10}$ 为电源退耦电容器，目的是减少噪声干扰；$R_7$ 和 $C_6$ 组成高频移相消振电路，由于功率放大器的负载扬声器是感性负载，高频信号的阻抗较大，容易与分布电容形成寄生振荡，有 $R_7$ 和 $C_6$ 就可以抑制这些可能出现的高频自激振荡，保护集成电路以及改善音质；$C_7$ 为功率放大后的音频信号输出耦合电容器。

电平指示电路由 $VD_1$、$C_8$、$R_8$、$R_9$、$VD_2$、$LED_1$、$LED_2$ 组成，音频信号经 VD 整流、$C_8$ 滤波形成的直流电压加到 $LED_1$ 上使它发光，再由 $VD_2$ 压降 0.6V 后加到 $LED_2$ 上，其中，$R_8$、$R_9$ 为限流降压电阻器，可以防止烧毁发光二极管。可见，功率放大后的音频信号幅度越强，$C_8$ 上的电压会越高，$LED_1$、$LED_2$ 的发光强度会越大，作为信号电平指示。

制作喊话器的工作流程如下所示。

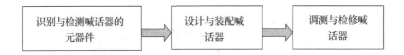

任务描述：

喊话器电路中引入了驻极体传声器、模拟集成电路 LM358 和 LM386。本任务主要认识和检测这 3 个器件，并将所有元器件检测后的相关数据填入表 10.5 中。

### 10.1.1 实践操作：识别与检测喊话器电路的相关元器件

**器材准备** 本任务所需元器件如表 10.1 所示。

表 10.1 制作喊话器电路所需元器件

| 代 号 | 名 称 | 规格/参数 | 数量/只 | 代 号 | 名 称 | 规格/参数 | 数量/只 |
|---|---|---|---|---|---|---|---|
| $R_1$ | 电阻器 | 20kΩ | 1 | $C_{10}$ | 瓷片电容器 | 0.1μF | 1 |
| $R_2$ | 电阻器 | 10kΩ | 1 | $C_{11}$ | 瓷片电容器 | 2200pF | 1 |
| $R_3$ $R_4$ | 电阻器 | 100kΩ | 2 | $RP_1$ | 电位器 | 50~100kΩ | 1 |
| $R_5$ | 电阻器 | 51kΩ | 1 | $RP_2$ | 电位器 | 10~20kΩ | 1 |
| $R_6$ | 电阻器 | 33kΩ | 1 | $VD_1$ | 二极管 | IN4001 | 1 |
| $R_7$ | 电阻器 | 10Ω | 1 | $VD_2$ | 二极管 | IN4148 | 1 |
| $R_8$ | 电阻器 | 100Ω | 1 | $LED_1$ | 发光二极管 | φ5 红色 | 1 |
| $R_9$ | 电阻器 | 47Ω | 1 | $LED_2$ | 发光二极管 | φ5 红色 | 1 |
| $C_1$、$C_4$、$C_5$ | 电解电容器 | 10μF 16V | 3 | B | 扬声器 | 8Ω 0.5W | 1 |
| $C_2$、$C_3$ | 电解电容器 | 22μF 16V | 2 | MIC | 驻极体传声器 | CM－18W | 1 |
| $C_7$、$C_8$、$C_9$ | 电解电容器 | 100μF 16V | 3 | $IC_1$ | 双运放集成电路 | LM358 | 1 |
| $C_6$ | 涤纶电容器 | 0.047μF | 1 | $IC_2$ | 音频功放集成电路 | LM386 | 1 |
| | | | | $V_{CC}$ | 电池或直流电源 | 9V | 1 |

注：电阻器均用插件式，功率为 0.25W，碳膜或金属膜均可，四色环或五色环均可。

本任务所需装配工具、仪表如表 10.2 所示。

表 10.2 制作喊话器电路所需工具和仪表

| 工具 | 35W 电烙铁焊接工具（含烙铁架、松香、焊锡丝、海绵适量）1 套，斜口钳、镊子、锉刀、尖嘴钳各 1 把，细砂纸少量，φ4 的一字旋具 1 把 |
|---|---|
| 仪表 | MF47 型万用表 1 只，DT9205 型数字式万用表 1 只 |
| 其他材料 | 有鳄鱼夹的电池扣 1 套，单孔万能板（90mm×70mm）1 块，导线（双股电话线）200cm。8 个引脚的集成块插座 2 个 |

### 1　认识喊话器电路中元器件实物外形

喊话器电路所需元器件实物如图 10.2 所示。

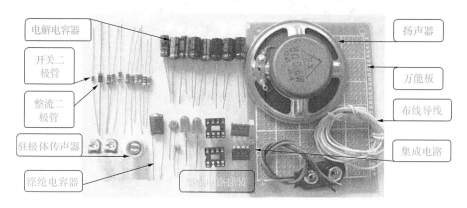

图 10.2　喊话器电路所需元器件

### 2　识别与检测驻极体传声器

**第一步　识别驻极体传声器。**

驻极体传声器是一种能将声音信号转换成电信号的声电转换器件。驻极体传声器属于电容式传声器中的一种，因其内部含有一个场效应管放大器，工作时必须加上直流电源，接收到声音后即可输出音频信号。驻极体传声器外形如图 10.3（a）所示，驻极体传声器的文字符号为 MIC，图形符号如图 10.3（b）所示。

(a) 外形（漏极输出型）　　　　　　　　(b) 电路符号

图 10.3　驻极体传声器的外形与电路符号

驻极体传声器有两种输出方式：源极输出和漏极输出。源极输出有三根引出线（三端型），漏极 D 接电源正极，源极 S 经电阻器接地，信号源由源极再经一电容器输出。漏极输出有两根引出线（两端型），漏极 D 经一电阻器接至电源正极，再经一电容器作信号输出，源极 S 直接接地。图 10.3 所示的驻极体传声器属于漏极输出型，与外壳连接的焊点为源极 S，工作时应接电源负极。

**第二步　检测驻极体传声器（两端型）。**

**（1）极性判别**

如图 10.4（a）所示，将万用表拨至 $R \times 100$ 挡，用红表笔任接驻极体传声器的一极，黑表笔接另外一极，记下所检测到的电阻值，对调两表笔，阻值较大的一次检测，红表笔接的是源极（S），黑表笔接的是漏极（D）。

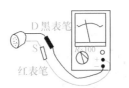
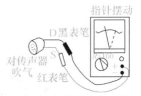

(a) 检测驻极体传声器极性(大)　　(b) 检测驻极体传声器灵敏度

图 10.4　两端型驻极体传声器的检测

（2）驻极体传声器灵敏度的检测

如图 10.4（b）所示，将万用表拨至 $R\times100$ 挡，用万用表红表笔接源极（S），黑表笔接漏极（D）。用嘴吹驻极体传声器，指针应该摆动，并且摆动越大驻极体传声器灵敏度越高。

驻极体传声器体积小，重量轻，结构简单，频响宽，灵敏度高，耐振动，价格便宜，因此广泛用于录音器、无线传声器、电话机、移动电话及声控等电子装置中。

### 3　识别与检测集成电路 LM358

第一步　识别集成电路 LM358。

LM358 是一个双运放集成电路，主要用于电压放大，它的封装形式有塑封 8 引线双列直插式和贴片式两种。其外形、引脚排列与内部结构如图 10.5 所示。LM358 内部包括两个独立的、高增益、内部频率补偿的运算放大器，电源范围宽，电压增益较高。

(a) 外形　　　　　(b) 引脚排列　　　　　(c) 内部结构

图 10.5　LM358 的外形、引脚排列和内部结构

第二步　检测 LM358 内电阻。

LM358 引脚功能及各引脚内电阻检测如表 10.3 所示，使用 MF47 型万用表的 $R\times1k$ 挡检测。

表 10.3　LM358 引脚功能和引脚内电阻的检测

| 引脚序号 | 英文缩写 | 引脚功能 | 电阻参数参考值/kΩ | |
|---|---|---|---|---|
| | | | 红表笔接地 $R_{正向}$ | 黑表笔接地 $R_{反向}$ |
| 1 | OUT₁ | 第一运放输出端（输出1） | 200 | 10 |
| 2 | IN₁（−） | 第一运放反相输入端（输入1） | ∞ | 10 |
| 3 | IN₁（+） | 第一运放同相输入端 | ∞ | 10 |

续表

| 引脚序号 | 英文缩写 | 引脚功能 | 电阻参数参考值/kΩ | |
|---|---|---|---|---|
| | | | 红表笔接地 $R_{正向}$ | 黑表笔接地 $R_{反向}$ |
| 4 | GND | 接地端 | 0 | 0 |
| 5 | $IN_2$（+） | 第二运放同相输入 | ∞ | 10 |
| 6 | $IN_2$（-） | 第二运放反相输入 | ∞ | 10 |
| 7 | $OUT_2$ | 第二运放放大输出 | 200 | 10 |
| 8 | $V_{CC}$ | 电源正极 | 50 | 9 |

**4　识别与检测集成电路 LM386**

**第一步　识别集成电路 LM386。**

LM386 是一种音频信号功率放大集成电路，主要用于对音频信号的功率放大要求不高的场合，具有自身功耗低、电压增益可调整、电源电压范围大、外接元件少和总谐波失真小等优点。其外形、引脚排列及内部结构如图 10.6 所示。

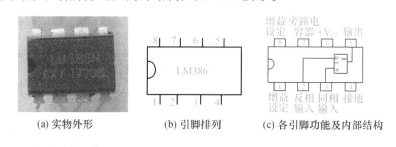

(a) 实物外形　　　(b) 引脚排列　　　(c) 各引脚功能及内部结构

图 10.6　LM386 的外形、引脚排列和内部结构

**第二步　检测集成电路 LM386。**

LM386 的引脚功能以及各引脚内电阻检测如表 10.4 所示，使用 MF47 型万用表的 $R \times$ 1k 挡检测。

表 10.4　LM386 引脚功能和引脚内电阻的检测

| 引脚 | | 1 | 2 | 3 | 4 | 5 | 6 | 7 | 8 |
|---|---|---|---|---|---|---|---|---|---|
| 功能 | | 增益设定端 | 反相输入端 | 同相输入端 | 接地端 | 输出端 | 电源正端 | 外接旁路电容器 | 增益设定端 |
| 内电阻/kΩ | $R_{正向}$ | 65 | 55 | 50 | 0 | 120 | 300 | 120 | 65 |
| | $R_{反向}$ | 9 | 11 | 11 | 0 | 8 | 8 | 18 | 9 |

## 10.1.2　操作结果与总结

将识别与检测喊话器电路中元器件的有关数据填入表 10.5 中（每种规格元器件 1 分，共 25 分）。

表 10.5　喊话器元器件识别与检测

| 元器件代号 | 识别情况（电阻器写色环颜色；其他画外形示意图并写出标示、极性等） | 检测情况 | |
|---|---|---|---|
| | | 万用表挡位（指针式万用表和数字式万用表检测） | 测量结果 |
| $R_1$ | （色环颜色） | | 实测阻值： |
| $R_2$ | | | 实测阻值： |
| $R_3$ $R_4$ | | | 实测阻值分别为： |
| $R_5$ | | | 实测阻值： |
| $R_6$ | | | 实测阻值： |
| $R_7$ | | | 实测阻值： |
| $R_8$ | | | 实测阻值： |
| $R_9$ | | | 实测阻值： |
| $C_1$、$C_4$、$C_5$ | | | 指针式万用表测漏电情况：<br>数字式万用表测电容量： |
| $C_2$、$C_3$ | | | 指针式万用表测漏电情况：<br>数字式万用表测电容量： |
| $C_7$、$C_8$、$C_9$ | | | 指针式万用表测漏电情况：<br>数字式万用表测电容量： |
| $C_6$ | 2A473J<br>耐压为：<br>容量为：<br>误差为： | | 指针式万用表测漏电情况：<br>数字式万用表测电容量： |
| $C_{10}$ | | | 指针式万用表测漏电情况：<br>数字式万用表测电容量： |
| $C_{11}$ | | | 指针式万用表测漏电情况：<br>数字式万用表测电容量： |
| $RP_1$ | | | 固定阻值：<br>阻值变化情况： |
| $RP_2$ | | | 固定阻值：<br>阻值变化情况： |
| $VD_1$ | | | 正向阻值：<br>反向阻值： |
| $VD_2$ | | 数字式万用表： | 正向压降：<br>反向压降： |

续表

| 元器件代号 | 识别情况（电阻器写色环颜色；其他画外形示意图并写出标示、极性等） | 检测情况 | |
|---|---|---|---|
| | | 万用表挡位（指针式万用表和数字式万用表检测） | 测量结果 |
| LED$_1$ | | | 正向阻值（是否发光）：<br>反向阻值 |
| LED$_2$ | | 数字式万用表： | 正向压降（是否发光）：<br>反向压降 |
| B | | 指针式万用表： | 看指针：<br>听 |
| MIC | | 指针式万用表： | 极性判断：<br>灵敏度检测： |
| IC$_1$ | 8 7 6 5<br>LM358<br>1 2 3 4 | | 引脚 2～8 正向电阻分别为：<br>引脚 2～8 反向电阻分别为： |
| IC$_2$ | | | 引脚 2～8 正向电阻分别为：<br>引脚 2～8 反向电阻分别为： |
| $V_{CC}$ | | | 实测电压值： |

## 任务 10.2　设计与装配喊话器

**任务描述：**

首先把喊话器电路原理图按集成电路实际排列重画，设计出喊话器装配图；然后在一块万能电路板上插装、焊接元器件；最后在焊接面布线，完成电路的装配。

### 10.2.1　实践操作：设计并装配喊话器电路

**器材准备**　装配喊话器电路所需元器件和器材如表 10.1 和表 10.2 所示（或利用计算机及 Protel DXP 软件）。

**1　设计喊话器电路装配图**

在草稿纸上根据元器件实际尺寸画出合理、符合要求的电路装配图（或在计算机上使用 Protel DXP 等软件设计）。

使用一块 90mm × 70mm 的单孔万能板装配喊话器，设计喊话器电路装配图有以下几点要求：

1）在元件面摆放好两块集成电路的位置。

2）驻极体传声器 MIC、扬声器、电源的外接线路要放置在电路板边缘位置，元件面

可设置跳线，但尽可能少跳线。

3）功率放大器 LM386 易受到干扰造成噪声，故 LM386 外围的电容器要尽可能靠近安装，退耦电容器 $C_9$、$C_{10}$ 要靠近 LM386 的引脚 6 安装。

图 10.7 所示为喊话器的装配图，可参考设计。

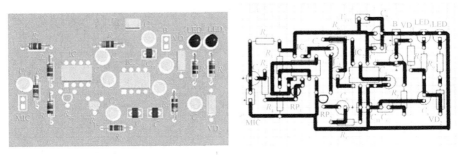

(a) 元件面仿真布局图　　　　　　　　　　(b) 装配图（正面）

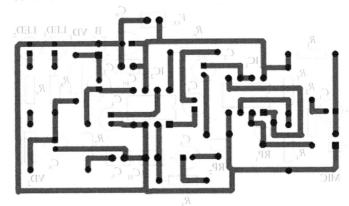

(c) 焊接面走线图（反面）

图 10.7　喊话器装配图

2　装配喊话器

第一步　按设计的装配图在单孔万能板插装和焊接元器件，工艺过程如图 10.8 所示。

(a) 插装与焊接电阻器、二极管　　(b) 插装与焊接集成块插座与电位器　　(c) 插装与焊接余下元件

图 10.8　喊话器插装、焊接工艺过程

1）参照图 10.7（a），卧式贴板插装电阻器、二极管；焊接、检查，剪切多余引脚。

2）贴板直插集成块插座、电位器、瓷片电容，焊接、检查，剪切多余引脚。

3）直插涤纶电容器、电解电容器、发光二极管，焊接、检查，剪切多余引脚。

第二步　按设计的装配图在单孔万能板焊接面连接走线，如图 10.7（c）所示。

第三步　连接电源、扬声器线路，完成效果如图 10.9 所示。

(a) 元件面布局

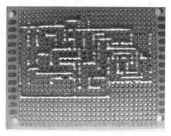
(b) 焊接面走线

图 10.9　完成的喊话器

## 10.2.2　操作结果与总结

| 评定内容 | 配分 | 评定标准 | 小组评分 | 教师评分 |
|---|---|---|---|---|
| 设计的装配图 | 3 | 设计不合理、不规范，扣 1~3 分 | | |
| 元件面布局 | 3 | 元器件布局不合理，扣 1~3 分 | | |
| 插装工艺 | 5 | 元器件插装不合工艺要求，每处扣 1 分 | | |
| 焊接工艺 | 9 | 焊接点不符合焊接工艺要求，每处扣 0.5 分 | | |
| 总得分 | | | | |

# 任务 10.3　调测与检修喊话器

任务描述：

装配好的喊话器通过调试、检测、维修将实现以下功能：

1）对着驻极体传声器说话，扬声器发出放大后的声音，同时发光二极管会随着说话声调的大小闪烁。

2）调节 $RP_1$，能调节驻极体传声器感受声音的灵敏度；调节 $RP_2$，可实现音调节，改变扬声器发声量的大小。

3）用驻极体传声器采集音乐声，能实现音乐声的放大，且悦耳动听。

**注意**：驻极体传声器对准扬声器易造成啸叫，适当调节 $RP_1$ 和 $RP_2$ 使声音合理。

### 10.3.1 实践操作：喊话器电路的调测及其故障排除

器材准备 任务 10.2 装配的喊话器、如表 10.2 所示器材。

1 调测喊话器电路

第一步 通电前检测电路是否短路。

正确插装集成电路 LM358 和 LM386，使用指针式万用表的 $R \times 1k$ 挡检测电源输入端的正向电阻和反向电阻。若正向电阻和反向电阻均小，则需检查电路，修复后才能通电，检测方法如图 10.10 所示。

(a) 检测正向电阻　　　　　　　　　　　(b) 检测反向电阻

图 10.10　用万用表 $R \times 1k$ 挡检测电源输入端的正向电阻和反向电阻

装配的电路板检测结果为：$R_{正向} =$ _____ ，$R_{反向} =$ _____ 。

第二步 通电测试静态电压。

接通 9V 电源，此时电路应该没有任何现象。RP$_1$ 和 RP$_2$ 调到最小，扬声器无声时用指针式万用表电压挡测量：

1）IC$_1$ 的各引脚电位。

2）IC$_2$ 的各引脚电位。

3）驻极体传声器两端电压、$C_8$ 两端的电压。

测量方法如图 10.11 所示，并把测量情况填入表 10.6 中。

引脚8

图 10.11　测量 IC$_1$（LM358）引脚 8 的电位

第三步 通电测试动态电压。

将 RP$_1$ 和 RP$_2$ 调到中间，直接或用其他发声设备对着驻极体传声器讲话，使扬声器发出正常声音，此时用指针式万用表电压挡测量：

1）$IC_1$ 的各引脚电位变化情况。

2）$IC_2$ 的各引脚电位变化情况。

3）驻极体传声器两端电压、$C_8$ 两端的电压变化情况。

把测量情况填入表 10.7 中。

**表 10.6　测量喊话器静态时集成电路各引脚电位**

| 测试项目 | | 电位值/V | | | | | | | |
|---|---|---|---|---|---|---|---|---|---|
| $IC_1$（LM358）各引脚电位 | 引脚 | 1 | 2 | 3 | 4 | 5 | 6 | 7 | 8 |
| | 电位值 | | | | | | | | |
| $IC_2$（LM386）各引脚电位 | 引脚 | 1 | 2 | 3 | 4 | 5 | 6 | 7 | 8 |
| | 电位值 | | | | | | | | |
| 驻极体传声器两端电压 | | | | | | | | | |
| $C_8$ 两端的电压 | | | | | | | | | |

**表 10.7　测量喊话器发声时集成电路各引脚电位的变化情况**

| 测试项目 | | 电位值/V | | | | | | | |
|---|---|---|---|---|---|---|---|---|---|
| $IC_1$（LM358）各引脚电位变化 | 引脚 | 1 | 2 | 3 | 4 | 5 | 6 | 7 | 8 |
| | 电位值 | | | | | | | | |
| $IC_2$（LM386）各引脚电位变化 | 引脚 | 1 | 2 | 3 | 4 | 5 | 6 | 7 | 8 |
| | 电位值 | | | | | | | | |
| 驻极体传声器两端电压变化 | | | | | | | | | |
| $C_8$ 两端的电压变化 | | | | | | | | | |

**第四步**　通电测试动态电流。

使用指针式万用表的电流挡测量喊话器工作时的总电流，断开电源输入端，将万用表串联在电源回路中，测量方法如图 10.12 所示，记录电流变化值为：＿＿＿＿＿＿＿＿＿＿＿。

图 10.12　测量电流

**2　分析喊话器**

通过对电路电压、电流的测试，从测量数据中理解电路的工作原理。

1）如图 10.13 所示，在讲话时调节 $RP_1$ 对电路有什么影响？LM358 的第 1 引脚电位会变化吗？为什么？

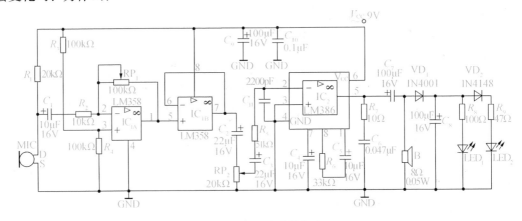

图 10.13　喊话器电路

分析提示：LM358 的第一级运放为反向比例运放，改变 $RP_1$ 将改变放大增益。

2）如图 10.13 所示，音频信号可以从 LM386 的引脚 3 输入吗？从引脚 3 输入与从引脚 2 输入有何不同？

分析提示：见知识链接。

3）如图 10.13 所示，把 LM386 的引脚 1 与引脚 8 间的电阻器短路会出现什么现象？为什么？

分析提示：见知识链接。

4）LM386 属于 OTL 功率放大器吗？输出端引脚 5 的电压应为多少？

分析提示：见知识链接。

### 3　排除喊话器故障

单孔万能板装配的喊话器出现的一些常见故障现象及其排除方法如表 10.8 所示。

表 10.8　喊话器常见故障及其排除方法

| 故障现象 | 检修方法 | 故障可能原因 | 排除故障的方法 |
|---|---|---|---|
| 对驻极体传声器讲话，扬声器无声 | 观察法、电阻法、电压法 | 1）线路有开路处，主要是电源供电不正常或信号传输断路；<br>2）集成电路损坏；<br>3）扬声器损坏或开路；<br>4）驻极体传声器损坏 | 1）电阻法检查线路，电压法检测集成电路各脚电位判断故障部位；<br>2）检测集成块内电阻或更换；<br>3）检查扬声器及支路；<br>4）更换驻极体传声器 |
| 一直啸叫 | 观察法、短路法 | 1）传声器离扬声器太近；<br>2）$RP_1$ 阻值太大或开路，增益过高；<br>3）$RP_2$ 音量调节太大 | 1）驻极体传声器远离扬声器；<br>2）调节 $RP_1$ 使 LM358 增益减小；<br>3）减小音量 |
| 噪声太大 | 观察法、电阻法 | 1）$RP_2$ 开路；<br>2）LM386 的引脚 7 电容开路；<br>3）$R_7$、$C_6$ 支路开路 | 1）检查 $RP_2$，连接电路；<br>2）$C_4$ 接入电路；<br>3）$R_7$、$C_6$ 接入电路 |

## 10.3.2　操作结果与总结

| 评定内容 | 配分 | 评定标准 | 小组评分 | 教师评分 |
|---|---|---|---|---|
| 电路功能 | 15 | 1）对传声器喊话扬声器无声，扣 5 分；<br>2）LED₁、LED₂ 不能发光，扣 4 分；<br>3）声音不能调节，扣 3 分；<br>4）噪声大扣 3 分 | | |
| 通电前检测 | 5 | 1）不会检测，扣 5 分；<br>2）检测有错，每错 1 处扣 1~2 分 | | |
| 电压检测 | 9 | 表 10.6、表 10.7 每错 4 空扣 1 分 | | |
| 电流检测 | 1 | 错误，扣 1 分 | | |
| 电路分析 | 5 | 基本能分析，得 1~5 分 | | |
| 故障检修 | 5 | 焊接点不符合焊接工艺要求，每处扣 0.5 分 | | |
| 总得分 | | | | |

# 知识链接：驻极体传声器、LM358 及 LM386

### 1　驻极体传声器

驻极体传声器是利用驻极体材料制成的一种特殊电容式"声—电"转换器件。其主要特点是体积小、结构简单、频响宽、灵敏度高、耐振动、价格便宜。

图 10.14 所示为常见驻极体传声器。

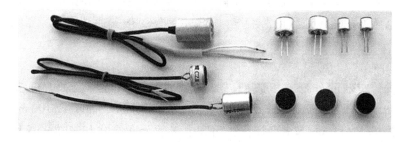

图 10.14　常见驻极体传声器

（1）结构及特点

驻极体传声器的内部结构如图 10.15（a）所示，它主要由"声—电"转换和阻抗变换两部分组成。"声—电"转换的关键元件是驻极体振动膜片，它以一片极薄的塑料膜片作为基片，在其中一面蒸发上一层纯金属薄膜，然后再经过高压电场"驻极"处理后，在两面形成可长期保持的异性电荷，这就是"驻极体"（也称"永久电荷体"）一词的由来。

驻极体传声器实际上是一种特殊的无需外接极化电压的电容式传声器，金属极板与专用场效应管的栅极 G 相接，场效应管的源极 S 和漏极 D 作为传声器的引出电极，这样，加上金属外壳，驻极体传声器一共有 3 个引出电极，其内部电路如图 10.15（b）所示。如果将场效应管的源极 S（或漏极 D）与金属外壳接通，就使得传声器只剩下了 2 个引出电极。

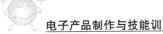
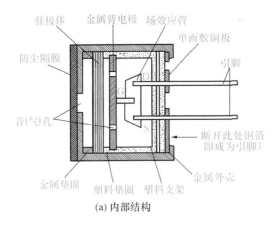
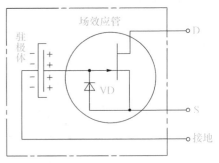

(注：S脚与接地脚相连，即成2引脚传声器)

(a) 内部结构      (b) 内部电路

图 10.15 驻极体传声器的内部结构及内部电路

（2）工作原理

当驻极体膜片遇到声波振动时，就会引起与金属极板间距离的变化，也就是驻极体振动膜片与金属极板之间的电容随着声波变化，进而引起电容两端固有的电场发生变化（ $U = Q/C$ ），从而产生随声波变化而变化的交变电压。由于驻极体膜片与金属极板之间的等效"电容"容量较小，其输出阻抗值（ $XC = 1/2\pi fC$ ）很高，故在传声器内接入了一只结型场效应管来进行阻抗变换。通过输入阻抗非常高的场效应管将"电容"两端的电压取出来，并同时进行放大，就得到了和声波相对应的输出电压信号。

驻极体传声器内部的场效应管为低噪声专用管，其栅极 G 和源极 S 之间复合有二极管 VD，如图 10.15（b）所示，主要起"抗阻塞"作用。由于场效应管必须工作在合适的外加直流电压下，所以驻极体传声器属于有源器件，即在使用时必须给驻极体传声器加上合适的直流偏置电压，才能保证其正常工作，这是有别于一般普通动圈式、压电陶瓷式传声器的地方。

（3）外形和种类

常用驻极体传声器的外形有机装型（即内置式）和外置型两种。机装型的外形如图 10.16（a）所示，多为圆柱形，其直径有 $\phi 6mm$、$\phi 9.7mm$、$\phi 10mm$、$\phi 10.5mm$、$\phi 11.5mm$、$\phi 12mm$、$\phi 13mm$ 等多种规格；引脚电极数分两端式和三端式两种，引脚形式有可直接在电路板上插焊的直插式、带软屏蔽导线的引线式和不带引线的焊脚式 3 种。驻极体传声器按体积大小分类，有普通型和微型两种，微型驻极体传声器已被广泛应用于各种微型录音器、微型数码摄像机及移动电话等电子产品中。

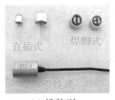

(a) 机装型      (b) 外置型

图 10.16 驻极体传声器实物外形

将机装型驻极体传声器装入各式各样的带有座架或夹子的外壳里，并接上带有 2 芯或 3 芯插头的屏蔽导线（有的还接了开关），就做成了人们经常见到的形形色色、可方便移动的外置型驻极体传声器，其外形如图 10.16（b）所示。

　　（4）型号与引脚识别

　　驻极体传声器的型号需查看厂家说明书或相关的参数手册才能确定，但只要体积和引脚数相同、灵敏度等参数相近，一般均可以直接代换使用，部分驻极体传声器性能参数如表 10.9 所示。

表 10.9　部分驻极体传声器性能参数

| 型号 | 工作电压范围/V | 输出阻抗/Ω | 频率响应/Hz | 固有噪声/μV | 灵敏度/dB | 尺寸/mm | 方向性 |
|---|---|---|---|---|---|---|---|
| CRZ2—9 | 3 ~ 12 | ≤2000 | 50 ~ 10000 | ≤3 | −54 ~ −66 | φ11.5 × 19 | 全向 |
| CRZ2—15 | 3 ~ 12 | ≤3000 | 50 ~ 10000 | ≤5 | −36 ~ −46 | φ10.5 × 7.8 | |
| CRZ2—15E | 1.5 ~ 12 | ≤2000 | | | | | |
| ZCH—12 | 4.5 ~ 10 | 1000 | 20 ~ 10000 | ≤3 | −70 | φ13 × 23.5 | |
| CZH—60 | 4.5 ~ 10 | 1500 ~ 2200 | 40 ~ 12000 | ≤3 | −40 ~ −60 | φ9.7 × 6.7 | |
| DG09767CD | 4.5 ~ 10 | ≤2200 | 20 ~ 16000 | | −48 ~ −66 | φ9.7 × 6.7 | |
| DG06050CD | 4.5 ~ 10 | ≤2200 | 20 ~ 16000 | | −42 ~ −58 | φ6 × 5 | |
| WM—60A | 2 ~ 10 | 2200 | 20 ~ 20000 | | −42 ~ −46 | φ6 × 5 | |
| XCM6050 | 1 ~ 10 | 680 ~ 3000 | 50 ~ 16000 | | −38 ~ −44 | φ6 × 5 | |
| CM—18W | 1.5 ~ 10 | 1000 | 20 ~ 18000 | | −52 ~ −66 | φ9.7 × 6.5 | |
| CM—27B | 2 ~ 10 | 2200 | 20 ~ 18000 | | −58 ~ −64 | φ6 × 2.7 | |

　　驻极体传声器的引脚识别方法如图 10.17 所示。对于有 2 个焊点的驻极体传声器，与金属外壳相通的焊点应为"接地端"，另一焊点则为"电源/信号输出端"（有"漏极 D 输出"和"源极 S 输出"之分）。对于有 3 个焊点的驻极体传声器，与金属外壳相通的焊点为"接地端"，另 2 个焊点分别为"S 端"和"D 端"。对有引线而无法看到焊点的驻极体传声器（如国产 CRZ2—9B 型），可通过引线来识别：屏蔽线为"接地端"，屏蔽线中间的 2 根芯线分别为"D 端"（红色线）和"S 端"（蓝色线）。如果只有 1 根芯线（如国产 CRZ2—9 型），则该引线肯定为"电源/信号输出端"。

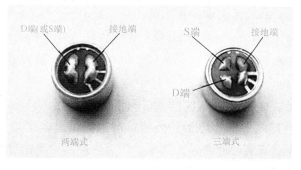

图 10.17　驻极体传声器的引脚识别

（5）驻极体传声器的检测

1）判断极性。对于两端式驻极体传声器，用指针式万用表的 $R \times 100$ 或 $R \times 1k$ 挡，黑、红表笔分别接两焊点，读一次数值；然后对调两表笔后测量，再次读出电阻值数，并比较两次测量结果，阻值较小的一次检测中，黑表笔所接应为源极 S，红表笔所接应为漏极 D。与外壳相接的为 S 则为漏极输出型；与外壳相接的为 D 则为源极输出型。

对于三端式驻极体传声器，使用相同挡位测量除与外壳相接的两焊点即可，方法同上。

2）检测质量。在上面的测量中，驻极体传声器正常测得的电阻值应该是一大一小。如果正、反向电阻值均为∞，则说明传声器内部开路；如果正、反向电阻值均为 0，则传声器内部击穿或短路；如果正、反向电阻值相等，则内部二极管已经开路。驻极体传声器损坏时只能更换。

3）检测灵敏度。将万用表拨至 $R \times 100$ 或 $R \times 1k$ 电阻挡，黑表笔（万用表内部接电池正极）接被测两端式驻极体传声器的漏极 D，红表笔接接地端。此时，万用表指针指示在某一刻度上，再用嘴对着传声器正面的入声孔吹一口气，万用表指针应有较大摆动，若指针摆动范围越大，则说明被测传声器的灵敏度越高。

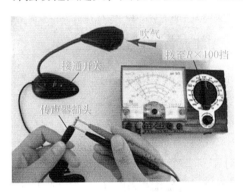

图 10.18　通过插头检测驻极体传声器
（MF50 型万用表）

以上检测方法是针对机装型驻极体传声器而言，对于带有引线插头的外置型驻极体传声器，可按照图 10.18 所示直接在插头上进行测量。但要注意，有的传声器上装有开关，测试时要将此开关拨至"ON"（接通）位置，而不能将开关拨至"OFF"（断开）的位置。否则，将无法进行正常测试。

（6）使用常识

1）在电子制作或维修时，可用相似尺寸和特性驻极体传声器来代换，但要注意灵敏度。

2）驻极体传声器的灵敏度选择是使用中一个比较关键的问题，究竟选择灵敏度高好还是低好，应根据实际情况而定。

3）驻极体传声器和电子设备连接时，要特别注意两者阻抗的匹配。牢记这样的原则：高阻抗的传声器不可以直接接至低输入阻抗的电子设备，但低阻抗传声器接至高输入阻抗的电子设备是允许的。另外，高阻抗的传声器引线不宜过长，否则容易引起各种杂声并增加频率失真。在需要使用较长的传声器接线时，应尽可能地选用阻抗低一些的传声器。无论传声器的引出线或长或短，都应采用屏蔽线，以免外界杂波信号感应给引出线，对后级放大电路造成干扰。

4）驻极体传声器在接入电路时，共有 4 种不同的接线方式，其具体电路如图 10.19 所示。

图中的 R 既是传声器内部场效应管的外接负载电阻器，也是传声器的直流偏置电阻器，它对传声器的工作状态和性能有较大影响。C 为传声器输出信号耦合电容器。目前市售的驻极体传声器大多是两端式，几乎全部采用图 10.19（a）所示的连接方法。这种接法是将场效应管接成漏极 D 输出电路，类似于三极管的共发射极放大电路，其特点是输出信号具有一定的电压增益，使得传声器的灵敏度比较高，但动态范围相对要小些。无论采用何种接法，驻极体传声器必须满足一定的直流偏置条件才能正常工作，这实际上就是为了保证内置场效应管始终处于良好的放大状态。

5）驻极体传声器输出的负载电阻器 $R$ 的阻值始终大于传声器输出阻抗的 3～5 倍，这样才能使传声器处于良好的匹配状态。

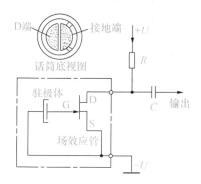

(a) 负接地，D极输出(两引线型)

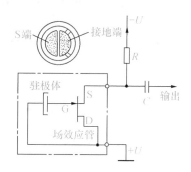

(b) 正接地，S极输出（两引线型）

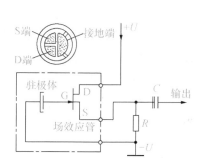

(c) 负接地，S极输出（三引线型）

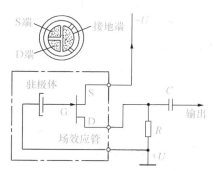

(d) 正接地，D极输出（三引线型）

图 10.19　驻极体传声器的 4 种接法

6）最好让驻极体传声器工作在厂家推荐的电压下，以获得最佳性能。

7）两端式驻极体传声器可改为三端式驻极体传声器，就是把与外壳相接的焊点割开即可。

8）驻极体传声器在安装和使用时，必须尽可能地远离放音扬声器，更不要对准扬声器方向，以免引起啸叫。

9）使用驻极体传声器时，嘴和传声器应保持一定的距离，另外，传声器正面的受音孔要指向声源，以获得较好的频率响应和灵敏度。

２　集成运放电路 LM358

双运放集成电路 LM358 内部包括有两个独立的、高增益、内部频率补偿的双运算放大器。每个运放的两个输入端 "＋"、"－" 之间只要有微小的电压差异，就会使输出端截止或者饱和，而输入端的输入电阻非常大，可以认为不需要输出电流，LM358 的内部电路原理图如图 10.20 所示。

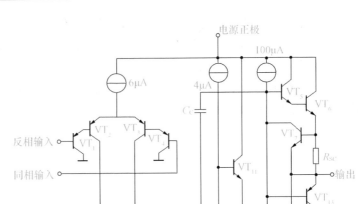

图 10.20　LM358 内部电路原理图

LM358 运放的基本应用电路如图 10.21 所示，图 10.21（a）所示的反相比例运放中引入电压并联负反馈，将运放接成闭环电路，运放的放大倍数为（－）$R_f/R_1$。

由理想运放的特点，可以理解运放的"－"端的电压永远等于"＋"端的电压；同时还可知"－"端和"＋"端输入电流永远等于 0。一是 $R_1$ 和 $R_f$ 上流过电流相等；二是"－"端的电压等于 0，因"＋"端的电压等于 0（因 $R$ 上无电流，也就无压降，称为"虚地"）。所以有（$V_o-0$）/$R_f$ =（$0-V_i$）/$R_1$，即 $V_o =$（－）$V_i \times R_f/R_1$。

如图 10.21（b）所示的同相比例运放中引入电压串联负反馈，开环运放接成闭环电路，则运放的放大倍数为（$R_f+R_2$）/$R_2$。

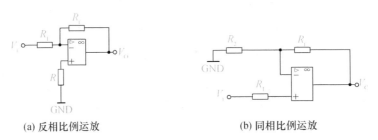

(a) 反相比例运放　　　　　　　　　　　　(b) 同相比例运放

图 10.21　运放的基本应用电路

因为可以理解运放的"－"端的电压等于"＋"端的电压，而"＋"端的电压等于 $V_i$（$R_1$ 上无电流，也就无压降），而"－"端的电压又等于 $V_o$ 在 $R_f$ 和 $R_2$ 上的分压，所以有 $V_i = V_o \times R_2/$（$R_f+R_2$），即 $V_o = V_i \times$（$R_f+R_2$）/$R_2$。

LM358 实际应用十分广泛，不仅可作为电压放大器，还可作为缓冲器、电流放大器、振荡器、脉冲发生器、电流源、驱动器、有源滤波器等。

LM358 的特性有：具有内部频率补偿；直流电压增益高（约 100dB）；单位增益频带宽（约 1MHz）；电源电压范围宽，如单电源为 3～30V，双电源为 ±1.5～±15V；低功耗电流，适合于电池供电；低输入偏流；低输入失调电压和失调电流；共模输入电压范围宽，包括接地；差模输入电压范围宽，等于电源电压范围；输出电压摆幅大，大小为 0 ~ $V_{CC}$（1.5V）。

LM358 的主要参数有：输入偏置电流为 45 nA，输入失调电流为 50 nA，输入失调电压为 2.9mV，输入共模电压最大值 $V_{CC}$ 为 1.5V，共模抑制比为 80dB，电源抑制比为 100dB。

3 音频功率放大电路 LM386

LM386 是美国国家半导体公司生产的音频功率放大器，具有自身功耗低、电压增益可调整、电源电压范围大、外接元件少和总谐波失真小等优点，被广泛应用于小功率音响设备中。

LM386 内部电路原理图如图 10.22 所示。与通用型集成运放相类似，它是一个三级放大电路。

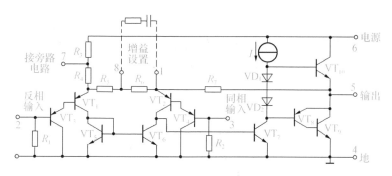

图 10.22 LM386 内部电路原理图

第一级为差分放大电路，$VT_1$ 和 $VT_3$、$VT_2$ 和 $VT_4$ 分别构成复合管，作为差分放大电路的放大管；$VT_5$ 和 $VT_6$ 组成镜像电流源作为 $VT_1$ 和 $VT_2$ 的有源负载；$VT_3$ 和 $VT_4$ 信号从管的基极输入，从 $VT_2$ 管的集电极输出，为双端输入单端输出差分电路。使用镜像电流源作为差分放大电路有源负载，可使单端输出电路的增益近似等于双端输出电容的增益。

第二级为共射放大电路，$VT_7$ 为放大管，恒流源作为有源负载，以增大放大倍数。

第三级中的 $T_8$ 和 $T_9$ 管复合成 PNP 型管，与 NPN 型管 $VT_{10}$ 构成准互补功率放大级。二极管 $VD_1$ 和 $VD_2$ 为输出级提供合适的偏置电压，可以消除交越失真。

引脚 2 为反相输入端，引脚 3 为同相输入端。电路由单电源供电，故为 OTL 电路。输出端（引脚 5）应外接输出电容器后再接负载。

电阻器 $R_7$ 从输出端连接到 $VT_2$ 的发射极，形成反馈通路，并与 $R_5$ 和 $R_6$ 构成反馈网络，从而引入了深度电压串联负反馈，使整个电路具有稳定的电压增益。

LM386 的主要参数为：电源电压为 4 ~ 12V 或 5 ~ 18V（LM386N）；静态消耗电流为 4mA；电压增益为 20 ~ 200dB；在引脚 1、引脚 8 开路时，带宽为 300kHz；输入阻抗为 50k；音频功率为 0.5W。

## 项目实训评价：用万能板制作喊话器电路操作综合能力评价

| 评定内容 | 配分 | 评定标准 | | 小组评分 | 教师评分 |
|---|---|---|---|---|---|
| 任务 10.1 | 25 | 按任务 10.1 操作结果与总结表评分 | 完成时间 | | |
| 任务 10.2 | 20 | 按任务 10.2 操作结果与总结表评分 | 完成时间 | | |
| 任务 10.3 | 40 | 按任务 10.3 操作结果与总结表评分 | 完成时间 | | |
| 安全文明操作 | 5 | 1）工作台不整洁，扣 1~2 分；<br>2）违反安全文明操作规程，扣 1~5 分 | | | |
| 表现、态度 | 10 | 好，得 10 分；较好，得 7 分；一般，得 3 分；差，得 0 分 | | | |
| 总得分 | | | | | |

做一做

使用万能板制作如图 10.23 所示的声音放大器。

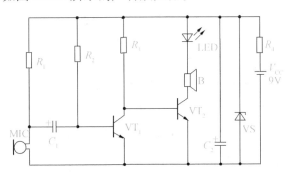

图 10.23  声音放大器

元器件参数：

$R_1$：150kΩ      $R_2$：1MΩ      $R_3$：10kΩ      $R_4$：100Ω      $C_1$：10μF 16V

$C_2$：100μF 16V      $VT_1$、$VT_2$：9014

LED：红色 φ5      VS：5.6V 稳压二极管      B：8Ω 0.5W 扬声器

MIC：驻极体传声器      $V_{CC}$：9V

想一想

1. 单孔万能板制作喊话器的工艺流程是：_____

_____。

2. 如何识别驻极体传声器并检测其质量？如何使用驻极体传声器？

3. 集成电路 LM358 在喊话器电路原理图中两级运放的作用是什么？

# 制作温度控制器电路

知识目标 ☞

1. 认识热敏电阻器（温度传感器）和集成电路 LM324。
2. 掌握制作温度控制器电路的工艺流程。
3. 理解温度控制器电路的工作原理。

技能目标 ☞

1. 能识别与检测温度传感器——热敏电阻器和集成电路 LM324。
2. 熟练装配电子产品的技能。
3. 熟练在单孔万能板上设计与制作装配图。
4. 学会调试与检修温度控制器。

热敏电阻器加上集成电路 LM324，就可制作一个温度控制器。温度控制器原理图如图 10.11（a）所示，装配后的实物如图 10.11（b）所示。

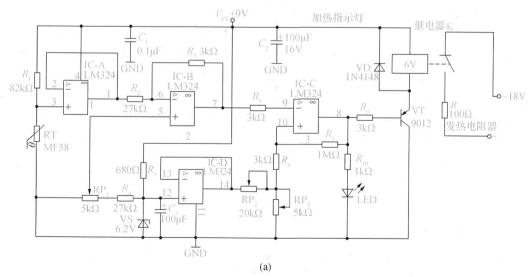

(a)

图 11.1　温度控制器

(b)

图 11.1　温度控制器（续）

由图 11.1（a）可知，温度控制器由温度检测电路、基准电压电路、温度指示电路、电压比较放大电路和控制执行电路组成。在此电路中，温度检测电路由热敏电阻器 RT、分压电阻器 $R_1$、退耦电容器 $C_1$、$C_2$ 和运算放大器IC－A 组成，IC－B 为电压跟随器，实现信号缓冲；基准电压电路由电阻器 $R_4$、$R_5$、$R_8$、电位器 RP$_1$、RP$_2$、RP$_3$、稳压二极管 VS、$C_3$ 和 IC－D 组成，为IC－B、IC－C 的同相端提供基准电压；温度指示电路由电阻器 $R_2$、$R_3$、IC－B 组成，放大变化的温差信号；电压比较电路由 IC－C 和电阻器 $R_6$、$R_7$ 组成，用于控制继电器通电或断电；控制执行电路由电阻器 $R_9$、晶体管 VT、继电器 K、二极管 VD 和工作指示发光二极管 LED 组成，控制加热器通电加热或停止加热。

9V 的电源电压经 $R_5$、VS 稳压形成 6.2V 的电压。它一路经 $R_4$、RP$_1$ 分压后为 IC－B 的同相输入端提供基准电压；另一路先经 IC－D 缓冲放大，然后经 RP$_2$、R$_P$3分压后，再经 $R_8$ 加至 IC－C 的同相输入端，作为 IC－C 的基准电压。热敏电阻器 RT 两端的电压降会随着环境温度的变化而变化，当环境温度上升时，RT 的等效电阻变小，RT 电压降也减小，使 IC－A 的引脚 3 输入端电压降低，输出（LM324 的引脚 1）电位也降低；IC－B 的输出（LM324 的引脚 7）电位升高，就使 LM324 的引脚 9 电位升高，升到高于 LM324 的引脚 10 的设定电位时，IC－C 的输出电位（LM324 的引脚 8）则下降，VT 基极电位降低，VT 导通，继电器 K 的线圈有电流通过，继电器吸合，使其常开触点闭合，常闭触点断开，电热丝停止加热。此时，环境温度又开始慢慢下降，RT 两端电压开始慢慢上升，LM324 的引脚 7 输出电压慢慢下降，降到低于 LM324 的引脚 10 电位时，LM324 的引脚 8 输出高电平，VT 截止，继电器触点复原，电热丝又开始加热，环境温度又上升，如此反复，从而实现受控区域温度基本恒定。

电路中 $R_{10}$ 和 LED 为加热指示电路，当电热丝加热时，LED 发光；当电热丝停止加热时，LED 熄灭。

现代工业、民用电器设备大量使用电子温控器，如冰箱、空调和烤箱等。本项目将制作一个恒温温度控制器，可以使某一区域温度恒定。其制作流程如下所示。

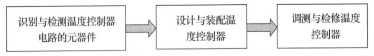

## 任务 11.1　识别与检测温度控制器电路的元器件

**任务描述：**

温度控制器电路引入了热敏电阻器、稳压二极管、继电器和模拟集成电路 LM324，本任务主要认识和检测这些器件，并将所有元器件检测后的相关信息填入表 11.5 中。

### 11.1.1　实践操作：识别与检测温度控制器电路的相关元器件

**器材准备**　本任务所需元器件如表 11.1 所示。

表 11.1　温度控制器中各元器件

| 代　号 | 名　称 | 规格/型号 | 数量/只 | 代　号 | 名　称 | 规格/型号 | 数量/只 |
|---|---|---|---|---|---|---|---|
| $R_1$ | 电阻器 | 82 kΩ | 1 | $RP_2$ | | 20kΩ | 1 |
| $R_2$、$R_4$ | 电阻器 | 27kΩ ±1% | 2 | $RP_3$ | 电位器 | 5kΩ | 1 |
| $R_3$、$R_6$、$R_8$、$R_9$ | 电阻器 | 3kΩ ±1% | 4 | VS | 稳压二极管 | 6.2V | 1 |
| $R_5$ | 电阻器 | 680Ω | 1 | VD | 开关二极管 | 1N4148 | 1 |
| $R_7$ | 电阻器 | 1MΩ | 1 | VT | 三极管 | 9012 或 8550 | 1 |
| $R_{10}$ | 电阻器 | 1kΩ | 1 | K | 继电器 | JZC – 23F(6V) | 1 |
| RT | 热敏电阻器 | MF58 | 1 | $R$ | 发热电阻器 | 100Ω 2W | 1 |
| $C_1$ | 涤纶电容器 | 0.1μF | 1 | IC | 集成电路 | LM324 | 1 |
| $C_2$、$C_3$ | 电解电容器 | 100μF 16V | 2 | LED | 发光二极管 | φ5 红色 | 1 |
| $RP_1$ | 电位器 | 5kΩ | 1 | | 交流电源 | 18V | 1组 |

注：电阻器均用插件式，功率为 0.25W。

本项目所需装配工具、仪表如表 11.2 所示。

表 11.2　制作温度控制器所需工具和仪表

| 工具 | 35W 电烙铁焊接工具（含烙铁架、松香、焊锡丝、海绵适量）1 套，斜口钳、镊子、锉刀、尖嘴钳各 1 把，细砂纸少量，φ4 的一字旋具 1 把 |
|---|---|
| 仪表 | MF47 型万用表 1 只，DT9205 型数字式万用表 1 只，18V 的交流电源 |
| 其他材料 | 有鳄鱼夹的电池扣 1 套，单孔万能板（90mm×70mm）1 块，导线（双股电话线）100cm，14 个引脚的集成块插座 1 个 |

**1**　认识温度控制器中元器件实物外形

温度控制器所需元器件实物如图 11.2 所示。

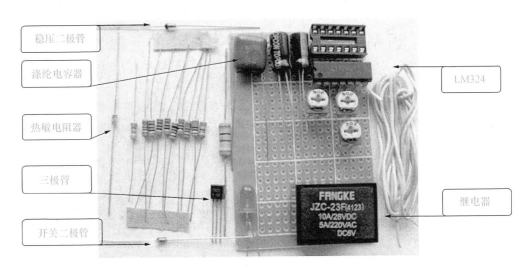

图 11.2　温度控制器的元器件

2 识别与检测热敏电阻器

第一步　识别热敏电阻器。

热敏电阻器 MF58 为负温度系数（NTC）热敏电阻器，其特点是温度越高其电阻值越小。热敏电阻器的文字符号为 RT，其外形、电路符号如图 11.3 所示。

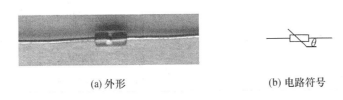

(a) 外形　　　　　　　　　　　　　(b) 电路符号

图 11.3　热敏电阻器 MF58

MF58 型热敏电阻器的温度与电阻的关系如表 11.3 所示。

表 11.3　MF58 温度与电阻器的关系

| 温度/℃ | 电阻/kΩ | 温度/℃ | 电阻/kΩ | 温度/℃ | 电阻/kΩ | 温度/℃ | 电阻/kΩ |
|---|---|---|---|---|---|---|---|
| 0 | 27.62 | 25 | 10 | 50 | 4.16 | 75 | 1.933 |
| 5 | 22.3 | 30 | 8.152 | 55 | 3.552 | 80 | 1.663 |
| 10 | 18.19 | 35 | 6.951 | 60 | 3.048 | 85 | 1.438 |
| 15 | 14.81 | 40 | 5.843 | 65 | 2.614 | 90 | 1.249 |
| 20 | 12.25 | 45 | 4.916 | 70 | 2.227 | 95 | 1.064 |

第二步　检测热敏电阻器。

检测 MF58 型热敏电阻器与检测普通电阻器相似，只是热敏电阻器的阻值会受温度影响较大。检测时，用发热物体（如发热的电烙铁）靠近被测热敏电阻器，会发现其阻值随温度升高而急剧下降，就是正常的。检测某一温度下热敏电阻器的阻值时，注意不能用手直接接触引脚，防止测量值受到温度变化的影响。

3　识别与检测稳压二极管

稳压二极管是一种工作在反向击穿区、具有稳定电压作用的二极管。其极性与性能好坏的测量与普通二极管的测量方法相似。与一般的二极管（如 IN4148、1N4004 等）的不同之处在于：当使用万用表的 $R \times 10k$ 挡测量稳压值在 10V 以下的稳压二极管时，其反向电阻较小，反向电阻越小，其稳压值就越低。6.2V 小功率稳压二极管的外形和电路符号如图 11.4 所示。

(a) 标示6.2V的稳压二极管　　　　　(b) 电路符号

图 11.4　稳压二极管的外形及电路符号

4　识别与检测继电器

继电器是自动控制电路中的一种常用器件，是用较小的电流去控制较大电流的一种"自动开关"。电磁式继电器一般由铁心、线圈、衔铁、触点及簧片等组成的。继电器线圈通电产生电磁场，衔铁在电磁力的作用下动作，动触点跳动切换位置，使常开触点闭合，常闭触点断开。当线圈断电后，电磁力随之消失，触点恢复至初始状态。继电器的电路符号、引脚排列及外形如图 11.5 所示。

(a)电路符号　　　　(b)引脚排列　　　　　(c)外形

图 11.5　继电器的电路符号、引脚排列及外形

可用万用表检测线圈阻值，检测常闭触点、常开触点的闭合与断开情况，或在线圈两端加 12V 电压，可听见吸合声，再测量常闭触点、常开触点情况。

5　识别与检测集成电路 LM324

第一步　识别集成电路 LM324。

LM324 为四运放集成电路，采用 14 脚双列直插塑封，也有贴片封装，其内部包含四组形式完全相同的运算放大器，除电源共用外，四组运放相互独立。电路功耗很小，工作电压范围宽，可用单电源 3～30V，或正负双电源 ±1.5～ ±15V。其输入电压可低到地电位，而输出电压范围为 $0～V_{CC}$。其外形、引脚排列及内部结构如图 11.6 所示。

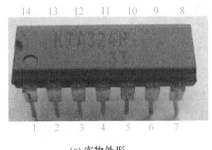

(a) 实物外形

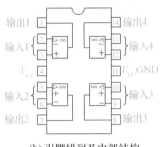

(b) 引脚排列及内部结构

图 11.6　LM324 的外形、引脚排列及内部结构

第二步　检测集成电路 LM324。

LM324 的引脚功能以及各引脚内电阻检测如表 11.4 所示（使用 MF47 型万用表的 $R \times$ 1k 挡检测）。

**表 11.4　LM324 的引脚功能以及各引脚内电阻检测表**

| 引脚 | | 1 | 2 | 3 | 4 | 5 | 6 | 7 |
|---|---|---|---|---|---|---|---|---|
| 功能 | | 输出 1 | 反相输入 1 | 同相输入 1 | 电源 | 同相输入 2 | 反相输入 2 | 输出 2 |
| 内电阻/kΩ | $R_{正向}$ | 140 | ∞ | ∞ | 22 | ∞ | ∞ | 140 |
| | $R_{反向}$ | 11 | 11 | 11 | 9 | 11 | 11 | 11 |
| 引脚 | | 8 | 9 | 10 | 11 | 12 | 13 | 14 |
| 功能 | | 输出 3 | 反相输入 3 | 同相输入 3 | 接地 | 同相输入 4 | 反相输入 4 | 输出 4 |
| 内电阻/kΩ | $R_{正向}$ | 140 | ∞ | ∞ | 0 | ∞ | ∞ | 140 |
| | $R_{反向}$ | 11 | 11 | 11 | 0 | 11 | 11 | 11 |

## 11.1.2　操作结果与总结

将识别与检测温度控制器中元器件的有关数据填入表 11.5 中（集成电路 IC 4 分，继电器 K 3 分，每种二极管 2 分，其余各规格元器件 1 分，共 25 分）。

**表 11.5　温度控制器元器件识别与检测表**

| 元器件代号 | 识别情况（电阻器写色环颜色；其他画外形示意图，并写出标示、极性等） | 检测情况 | | 质量 |
|---|---|---|---|---|
| | | 万用表挡位（指针式万用表和数字式万用表检测） | 测量结果 | |
| $R_1$ | （色环颜色） | | 实测阻值： | |
| $R_2$、$R_4$ | | | 实测阻值分别为： | |
| $R_3$、$R_6$、$R_8$、$R_9$ | | | 实测阻值分别为： | |
| $R_5$ | | | 实测阻值： | |
| $R_7$ | | | 实测阻值： | |

续表

| 元器件代号 | 识别情况（电阻器写色环颜色；其他画外形示意图，并写出标示、极性等） | 检测情况 | | 质量 |
|---|---|---|---|---|
| | | 万用表挡位（指针式万用表和数字式万用表检测） | 测量结果 | |
| $R_{10}$ | | | 实测阻值： | |
| RT | （外形） | | 室温：<br>对应阻值： | |
| $C_1$ | 100n<br>100V | | 指针式万用表测漏电情况：<br>数字式万用表测电容量： | |
| $C_2$、$C_3$ | | | 指针式万用表测漏电情况：<br>数字式万用表测电容量： | |
| $RP_1$、$RP_3$ | | | 固定阻值：<br>阻值变化情况： | |
| $RP_2$ | | | 固定阻值：<br>阻值变化情况： | |
| VD | | | 正向阻值：<br>反向阻值： | |
| VS | | $R \times 1k$ | 正向阻值：<br>正向阻值： | |
| | | $R \times 10k$ | 正向阻值：<br>反向阻值： | |
| LED | | | 正向阻值（是否发光）：<br>反向阻值： | |
| $R$ | | | 阻值： | |
| K | | | 线圈阻值：<br>常闭、常开触点判断： | |
| IC | | | 引脚 1～14 正向电阻分别为：<br>引脚 1～14 反向电阻分别为： | |

## 任务 11.2　设计与装配温度控制器

**任务描述：**

先把温度控制器电路原理图按集成电路实际排列重画，设计出温度控制器装配图；然后在万能电路板上插装、焊接元器件；最后在焊接面布线，完成电路的装配。

## 11.2.1 实践操作：设计并装配温度控制器电路

器材准备 装配温度控制器所需元器件和器材如表 11.1 和表 11.2 所示（或利用计算机及 Protel DXP 软件）。

1 设计温度控制电路装配图

根据元器件实际尺寸在草稿纸上设计出合理、正确的温度控制器装配图（或在计算机上使用 Protel DXP 等软件设计）。

使用一块 90mm × 70mm 的单孔万能板来装配，温度控制器电路装配图有以下几点要求：

1）在元件面摆放好集成电路、继电器及热敏电阻器的位置。

2）继电器、热敏电阻器、电源的外接线路要放置在电路板边缘位置，元件面可设置跳线，但尽可能少设置跳线。

3）本项目用于实验，在设计时最好将发热电阻器 R 与热敏电阻器靠近摆放，悬空安装。

图 11.7 所示为温度控制器的装配图，可参考设计。

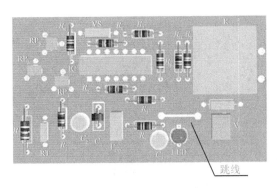

(a) 元件面仿真布局图

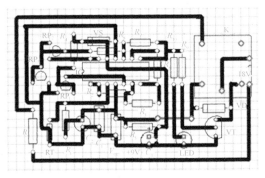

(b) 装配图（正面）

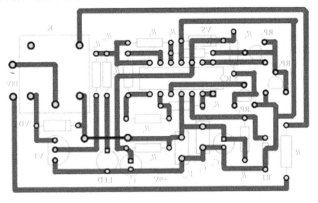

(c) 焊接面走线图（反面）

图 11.7 温度控制器装配图

### 2　装配温度控制器

**第一步**　按设计的装配图在单孔电路板插装和焊接元器件，操作过程如图 11.8 所示。

(a) 插装与焊接跳线、电阻器、二极管　　(b) 插装与焊接集成插座与电位器　　(c) 插装与焊接余下元件

图 11.8　温度控制器插装、焊接工艺过程

1）如图 11.7（b）所示，卧式贴板插装电阻器、二极管；焊接、检查，剪切多余引脚。

2）贴板直插集成块插座、电位器，焊接、检查，剪切多余引脚。

3）直插三极管、涤纶电容器、电解电容器、发光二极管，焊接、检查，剪切多余引脚。

4）直插继电器，悬空 10mm 安装热敏电阻器和发热电阻器 $R$ 并靠近，焊接、检查，剪切多余引脚。

**第二步**　按设计的装配图，即图 11.7（c），在单孔万能板焊接面连接走线。

**第三步**　连接直流、交流外接线路。

## 11.2.2　操作结果与总结

| 评定内容 | 配分 | 评定标准 | 小组评分 | 教师评分 |
|---|---|---|---|---|
| 设计的装配图 | 3 | 设计不合理、不规范，扣 1～3 分 | | |
| 元件面布局 | 3 | 元器件布局不合理，扣 1～3 分 | | |
| 插装工艺 | 5 | 元器件插装不合工艺要求，每处扣 1 分 | | |
| 焊接工艺 | 9 | 焊接点不符合焊接工艺要求，每处扣 0.5 分 | | |
| 总得分 | | | | |

## 任务 11.3 调测与检修温度控制器

**任务描述：**

装配好的温度控制器通过调试、检测、维修，就可实现以下功能，特别需要细心调节 3 个电位器。

接通电路电源后，发热电阻器 $R$ 通电加热，此时 RT 检测到环境温度低于 $RP_3$ 的设定温度时，IC－C 输出高电平（约 7.7V），LED 点亮（表示在加热），使 VT 截止，继电器 K 线圈无电流通过，常闭触点闭合，常开触点断开。发热电阻器 $R$ 继续加热，随着环境温度的上升，当温度升高至 $RP_3$ 设定温度时，IC－C 输出低电平（约 0.6V），LED 熄灭，使 VT 饱和，继电器 K 得电吸合，常闭触点断开，常开触点闭合，发热电阻器 $R$ 由于断电而停止加热。随后环境温度又缓慢下降，当温度降至 $RP_3$ 的设定温度时，K 又失电复原，$R$ 又通电加热。如此周而复始，使受控场所的温度恒定在设定温度附近（恒温控制器）。

调试说明：在实际应用中，LM324 的引脚 7 可以外接一个毫伏表，用于指示温度变化值，可设置为 10mV/℃，就是说，若毫伏表指示电压值为 250mV，则表明温度为 25℃。$RP_3$ 用来设定控制温度值；$RP_2$ 用来设定 $RP_3$ 的最大输出电压（调节 $RP_2$ 的阻值，使 $RP_3$ 的最大输出电压为 1V）；$RP_1$ 用来设定 IC－B 同相输入端的基准电压（调节 $RP_1$ 的阻值，使 IC－B 的同相输入端电压为 530mV）。

### 11.3.1 实践操作：温度控制器电路的调测及其故障排除

**器材准备** 任务 11.2 装配的温度控制器、表 11.2 所示器材。

> **1** 调测温度控制器电路

**第一步** 通电前检测电路是否短路。

正确插装集成电路 LM324，使用指针式万用表的 $R \times 1k$ 挡检测电源输入端的正向电阻和反向电阻。若正向电阻和反向电阻均小，则需检查电路，修复后才能通电。

装配的电路板检测结果为：$R_{正向} = $＿＿＿＿＿＿＿，$R_{反向} = $＿＿＿＿＿＿＿。

**第二步** 通电调试。

电路接通 9V 直流电源，使用数字式万用表电压挡测量时，用镊子调节 3 个电位器：

1）数字式万用表电压挡检测 IC 的引脚 5 电压，调节 $RP_1$，使引脚 5 电压为 530mV。

2）数字式万用表电压挡检测 IC 的引脚 10 电压，调节 $RP_2$、$RP_3$，使引脚 10 电压最高为 1V，最低为 0mV；最后固定在 650mV。温度设定在 60℃左右，此时 LED 亮，$R$ 处于加热状态，但 $R$ 未通电，不影响 RT 的温度。

3）万用表电压挡测量 IC 的各引脚电位，并把测量情况填入表 11.6 中。

**表 11.6　测量温度控制器静态时集成电路各引脚电位**

| 测试项目 | | 各引脚电位 | | | | | | |
|---|---|---|---|---|---|---|---|---|
| IC（LM324）各引脚电位 | 引脚 | 1 | 2 | 3 | 4 | 5 | 6 | 7 |
| | 电位值 | | | | | | | |
| | 引脚 | 8 | 9 | 10 | 11 | 12 | 13 | 14 |
| | 电位值 | | | | | | | |

**第三步　通电测试加热时的动态电压。**

接通 18V 的交流电压，R 开始发热，LED 也发光，影响 RT 的温度，此时用数字式万用表电压挡测量：

1）IC 的引脚 3 的电位变化情况。

2）IC 的引脚 1、引脚 7 的电位变化情况。

3）IC 的引脚 8、引脚 9 的电位变化情况。

4）继电器线圈两端电压。

将测量情况填入表 11.7 中。

**表 11.7　加热 RT 时测量关键引脚电位**

| 测试项目 | 电位/V |
|---|---|
| IC 的引脚 3、引脚 1 的电位变化情况 | |
| IC 的引脚 6、引脚 7 的电位变化情况 | |
| IC 的引脚 8、引脚 9 的电位变化情况 | |
| 继电器线圈两端电压 | |

**第四步　通电测试停止加热时的动态电压。**

加热到一定温度（这里设置温度为 60℃）后，LED 熄灭，停止加热；此时测量 IC 的引脚 1、引脚 3、引脚 6、引脚 7、引脚 8、引脚 9 的电位变化情况，以及继电器线圈两端电压，并将测量数据记录在表 11.8 中。

**表 11.8　停止加热 RT 时测量关键引脚电位**

| 测试项目 | 电位/V |
|---|---|
| IC 的引脚 1、引脚 3 的电位变化情况 | |
| IC 的引脚 6、引脚 7 的电位变化情况 | |
| IC 的引脚 8、引脚 9 的电位变化情况 | |
| 继电器线圈两端电压 | |

**2　分析温度控制器电路**

通过对电路电压的测试，从测量数据中理解温度控制器电路的工作原理。

1）如图 11.9 所示电路，在 45℃时，计算 LM324 引脚 3 的电位。

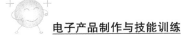
分析提示：根据表11.3来计算。

2）如图11.9所示电路，在45℃时，计算LM324引脚7的输出电位。

分析提示：LM324的第二级运放是差动输入运放。

3）如图11.9所示电路，分析LM324的引脚9、引脚10间电压如何变化会造成引脚8电位变化。

分析提示：LM324的第三级运放是电压比较器。

4）如图11.9所示电路，$R_7$、VD的作用分别是什么？

分析提示：$R_7$的作用是防止温度在控制点附近波动时造成继电器频繁通断，使其比较滞后。VD的作用是防止继电器线圈在断电瞬间产生较高的反电动势，损坏三极管。

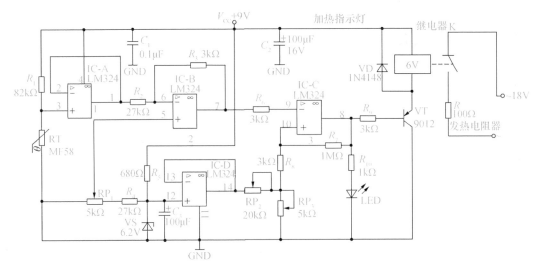

图11.9　温度控制器

### 3　排除温度控制器故障

利用单孔万能板装配的温度控制器出现的一些常见故障现象及其排除方法如表11.9所示。

表11.9　温度控制器常见故障及其排除方法

| 故障现象 | 检修方法 | 故障可能原因 | 排除故障的方法 |
| --- | --- | --- | --- |
| LED 从亮到熄灭，但加热器不停止加热 | 观察法、电阻法 | 1）三极管 VT 损坏或此线路未通；<br>2）继电器未得电 | 1）检测 VT 及支路；<br>2）检测继电器 |
| LED 一直发光，加热器一直在加热 | 观察法、电阻法、电压法 | 1）调试不当；<br>2）温度检测电路有开路处；<br>3）LM324 损坏 | 1）重新调节 3 个电位器；<br>2）观察、测量后重新连接；<br>3）更换 LM324 |

## 11.3.2　操作结果与总结

| 评定内容 | 配分 | 评定标准 | 小组评分 | 教师评分 |
|---|---|---|---|---|
| 电路功能 | 15 | 1）LED 不能调亮或调灭，扣 5 分；<br>2）继电器不能动作，扣 5 分；<br>3）不能自动控制温度，扣 5 分 | | |
| 通电前检测 | 5 | 1）不会检测，扣 5 分；<br>2）检测有错每错 1 处，扣 1~2 分 | | |
| 电压检测 | 6 | 1）表 11.6 错 4 空，扣 1 分；<br>2）表 11.7 错 1 空，扣 0.5 分 | | |
| 电流检测 | 4 | 表 11.8 错 1 空，扣 1 分 | | |
| 电路分析 | 5 | 基本能分析得 1~5 分 | | |
| 故障检修 | 5 | 焊接点不符合焊接工艺要求，每处扣 0.5 分 | | |
| 总得分 | | | | |

## 知识链接：热敏电阻器和集成电路 LM324

　　热敏电阻器是一种对温度反应比较敏感、阻值会随温度的变化而改变的非线性电阻式传感器。它可以直接将温度的变化转变为电信号的变化。

　　（1）热敏电阻器的类型

　　热敏电阻器按其温度变化的不同特性，可分为正温度系数（PTC）热敏电阻器和负温度系数（NTC）热敏电阻器。

　　正温度系数热敏电阻器：其电阻值会随着温度的升高而增大。

　　负温度系数热敏电阻器：其电阻值会随着温度的升高而下降。

　　1）正温度系数热敏电阻器。正温度系数热敏电阻器也称为 PTC 热敏电阻器。在常温下，其电阻值较小，只有几欧至几十欧。当流经它的电流超过额定值时，其电阻值在几秒内迅速增大至数百欧至数千欧以上。

　　正温度系数热敏电阻器在恒温自动控制电路中应用比较广泛，如恒温型电热毯、恒温开关等，彩色电视机中与消磁线圈配套使用为彩色显像管进行消磁的电阻器就是正温度系数热敏电阻器。开机时，由于 PTC 热敏电阻器电阻值很小，大电流通过 PTC 热敏电阻器加到消磁线圈上产生的磁场对显像管进行消磁，然后 PTC 热敏电阻器受热阻值急剧变大，使消磁停止。

　　2）负温度系数热敏电阻器。负温度系数热敏电阻器也称为 NTC 热敏电阻器，是应用较多的温度敏感型电阻器类传感器。

　　负温度系数热敏电阻器的标称电阻、材料常数、电阻器温度系数等电气特性都可利用材料的组成变化或烧结温度的不同任意改变，从而根据需要获得不同的 NTC 元件。

　　负温度系数热敏电阻器元件广泛应用于复印机、打印机、空调器、电冰箱、电烤箱等电器中，主要用于温度检测、温度控制、温度补偿等功能。例如，空调器中的环境温度传感器、管温传感器、排气温度传感器、除霜控制传感器等采用的就是 NTC 热敏电阻器构成的传感器。常用的负温度系数热敏电阻器有 MF11、MF12、MF13、MF14、MF15、MF16 系列。

除此之外，NTC 热敏电阻器还被广泛用于火灾报警、各种机器和机件的热控制、电路元件热补偿及测量超高频电功率、真空度、气体和液体的运动速度及其热导系数等领域，也可用做启动发动机用的自动变阻器、振荡器、调制器、低频放大器和稳压器等，在医疗仪器领域的应用也相当广泛。

**2　集成电路 LM324**

LM324 是四运放集成电路，每一组运算放大器可用图 11.10 所示的符号来表示，它有 5 个引出脚，其中 " + "、" − " 为两个信号输入端，"$V+$"、"$V-$" 为正、负电源端，"$V_o$" 为输出端。两个信号输入端中，$V_i-(-)$ 为反相输入端，表示运放输出端 $V_o$ 的信号与该输入端的相位相反；$V_i+(+)$ 为同相输入端，表示运放输出端 $V_o$ 的信号与该输入端的相位相同。LM324 的引脚排列如图 11.10（b）所示。

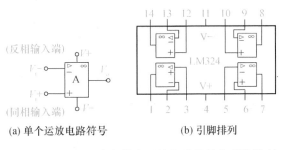

(a) 单个运放电路符号　　　　(b) 引脚排列

图 11.10　LM324 内部单个运放电路符号和引脚排列

LM324 四运放电路由于具有电源电压范围宽，静态功耗小，可单电源使用，价格低廉等优点，因此被广泛应用于各种电路中。下面介绍其应用实例。

（1）反相交流放大器

电路如图 11.11 和图 11.12 所示，此放大器可代替晶体管进行交流放大，可用于扩音机前置放大等。电路无需调试。放大器采用单电源供电，由 $R_1$、$R_2$ 组成 $V+/2$ 偏置，$C_1$ 是消振电容器。

放大器电压放大倍数 $A_U$ 仅由外接电阻 $R_i$、$R_f$ 决定：$A_U = -R_f/R_i$。负号表示输出信号与输入信号相位相反。按图中所给数值，$A_U = -10$。此电路输入电阻为 $R_i$。一般情况下先取 $R_i$ 与信号源内阻相等，然后根据要求的放大倍数再选定 $R_f$。$C_o$ 和 $C_i$ 为耦合电容器。

（2）同相交流放大器

如图 11.12 所示，同相交流放大器的特点是输入阻抗高，其中的 $R_1$、$R_2$ 组成 $V+/2$ 分压电路，通过 $R_3$ 对运放进行偏置。电路的电压放大倍数 $A_U$ 也仅由外接电阻决定，即 $A_U = 1 + R_f/R_4$，电路输入电阻为 $R_3$。$R_4$ 的阻值范围为几千欧至几十千欧。

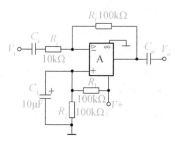

图 11.11　反相交流放大器

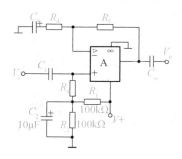

图 11.12　同相交流放大器

（3）交流信号三分配放大器

如图 11.13 所示，$R_1$、$R_2$ 组成 $V+/2$ 偏置电路，静态时，$A_1$ 输出端电压为 $V+/2$，故运放 $A_2 \sim A_4$ 输出端亦为 $V+/2$，通过输入、输出电容器的隔直作用，得到交流信号，形成三路分配输出。此电路可将输入交流信号分成三路输出，三路信号可分别用作指示、控制、分析等用途，而对信号源的影响极小。因运放 $A_i$ 输入电阻高，运放 $A_1 \sim A_4$ 均把输出端直接接到反相输入端，信号输入至同相输入端，相当于同相放大状态时 $R_f = 0$ 的情况，故各放大器电压放大倍数均为 1，与分立元件组成的射极跟随器作用相同。

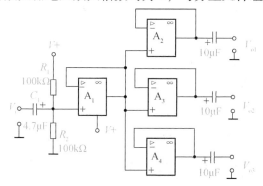

图 11.13　交流信号三分配放大器

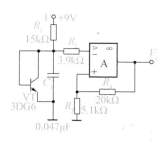

图 11.14　测温电路

（4）测温电路

如图 11.14 所示，感温探头采用一只硅三极管 3DG6，把它接成二极管形式。硅晶体管发射结电压的温度系数约为 $-2.5\text{mV/℃}$，即温度每上升 1℃，发射结电压会下降 2.5mV。运放 A 连接成同相直流放大形式，温度越高，晶体管 VT 压降越小，运放 A 同相输入端的电压就越低，输出端的电压也越低。

这是一个线性放大过程，在 A 输出端接上测量或处理电路，便可对温度进行指示或进行其他自动控制。

（5）有源带通滤波器

如图 11.15 所示，许多音响装置的频谱分析器均使用此电路作为带通滤波器，以选出各个不同频段的信号，在显示上利用发光二极管点亮的数量来指示信号幅度的大小。

这种有源带通滤波器的中心频率用 $f_0$ 表示，在中心频率 $f_0$ 处的电压增益 $A_0 = B_3/2B_1$，品质因数用 $Q$ 表示，3dB 带宽 $B = 1/(\pi \times R_3 \times C)$，也可根据设计确定的 $Q$、$f_0$、$A_0$ 值，去

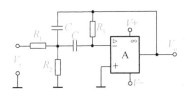

图 11.15　有源带通滤波器

求出带通滤波器的各元件参数值。

$$R_1 = Q/(2\pi f_0 A_0 C)，R_2 = Q/[(2Q_2 - A_0) \times (2\pi f_0 C)]，$$
$$R_3 = 2Q/(2\pi f_0 C)，当 f_0 = 1kHz 时，C 取 0.01\mu F。$$

此电路亦可用于一般的选频放大。此电路亦可使用单电源，只需将运放同相输入端偏置在 $V+/2$ 并将电阻器 $R_2$ 下端接到运放同相输入端即可。

（6）比较器

如图 11.16 所示，使用两个运放可组成一个电压上下限比较器，电阻器 $R_1$、$R_1'$ 组成分压电路，为运放 $A_1$ 设定比较电平 $U_1$；电阻器 $R_2$、$R_2'$ 组成分压电路，为运放 $A_2$ 设定比较电平 $U_2$。输入电压 $U_i$ 同时加到 $A_1$ 的同相输入端和 $A_2$ 的反相输入端之间，当 $U_i > U_1$ 时，运放 $A_1$ 输出高电平；当 $U_i < U_2$ 时，运放 $A_2$ 输出高电平。运放 $A_1$、$A_2$ 只要有一个输出高电平，晶体管 VT 就会导通，发光二极管 LED 就会点亮。若选择 $U_1 > U_2$，则当输入电压 $U_i$ 越出 $[U_2，U_1]$ 区间范围时，LED 点亮，这便是一个电压双限指示器。若选择 $U_2 > U_1$，则当输入电压 $U_i$ 在 $[U_2，U_1]$ 区间范围时，LED 点亮，这是一个"窗口"电压指示器。此电路与各类传感器配合使用，稍加变通便可用于各种物理量的双限检测、短路、断路报警等。

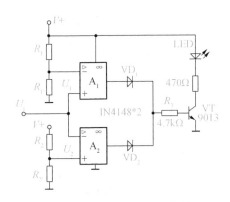

图 11.16　电压上下限比较器

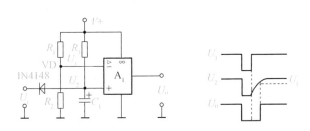

图 11.17　单稳态触发器及延时波形

（7）单稳态触发器

如图 11.17 所示，此电路可用在一些自动控制系统中。电阻器 $R_1$、$R_2$ 组成分压电路，为运放 $A_1$ 反相输入端提供偏置电压 $U_1$，作为比较电压基准。静态时，电容器 $C_1$ 充电完毕，运放 $A_1$ 同相输入端电压 $U_2$ 等于电源电压 $V+$，故 $A_1$ 输出高电平。当输入电压 $U_i$ 变为低电平时，二极管 VD 导通，电容器 $C_1$ 通过 VD 迅速放电，使 $U_2$ 突然降至地电平，此时因为 $U_1 > U_2$，故运放 $A_1$ 输出低电平。当输入电压变高时，二极管 VD 截止，电源电压经 $R_3$ 给电容器 $C_1$ 充电，当 $C_1$ 的充电电压大于 $U_1$ 时，即 $U_2 > U_1$ 时，$A_1$ 输出又变为高电平，从而结束了一次单稳触发。显然，提高 $U_1$ 或增大 $R_2$、$C_1$ 的数值，都会使单稳延时时间增长，反之则缩短。

如果将二极管 VD 去掉，则此电路具有加电延时功能。刚加电时，$U_1 > U_2$，运放 $A_1$ 输出低电平，随着电容器 $C_1$ 不断充电，$U_2$ 不断升高，当 $U_2 > U_1$ 时，$A_1$ 输出才变为高电平。

## 项目实训评价：利用万能板制作温度控制器操作综合能力评价

| 评定内容 | 配分 | 评定标准 | | 小组评分 | 教师评分 |
|---|---|---|---|---|---|
| 任务 11.1 | 25 | 按任务 11.1 操作结果与总结表评分 | 完成时间 | | |
| 任务 11.2 | 20 | 按任务 11.2 操作结果与总结表评分 | 完成时间 | | |
| 任务 11.3 | 40 | 按任务 11.3 操作结果与总结表评分 | 完成时间 | | |
| 安全文明操作 | 5 | 1）工作台不整洁，扣 1~2 分；<br>2）违反安全文明操作规程，扣 1~5 分 | | | |
| 表现、态度 | 10 | 好，得 10 分；较好，得 7 分；一般，得 3 分；差，得 0 分 | | | |
| 总得分 | | | | | |

做一做

使用万能板制作如图 11.18 所示的传声器放大电路，也可自己装配一个 LM324 应用电路。

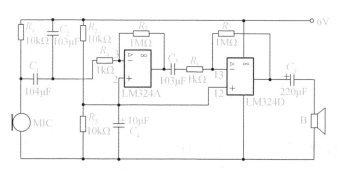

图 11.18　传声器放大器

想一想

1. 集成电路 LM324 常可用作什么电路？

2. MF58 型热敏电阻器有什么特性？如何检测其质量？

3. 继电器是一种什么元件？使用时应注意哪些参数？

4. 热敏电阻器有哪些种类？分别应用在哪些场合？举例说明。

# 项目 *12*

# 制作声光控灯电路

**教学目标**

**知识目标** ☞

1. 认识数字集成电路 CD4011 及晶闸管。
2. 掌握制作声光控灯电路的工艺流程。
3. 理解数字电路的工作特点和声光控灯电路的工作原理。

**技能目标** ☞

1. 学会在单孔万能板上设计与制作声光控灯电路的装配图。
2. 学会调试与检修声光控灯电路。

使用与非控制集成电路 CD4011 和晶闸管可制作一个声光控灯，声光控灯电路原理图如图 12.1（a）所示，装配后的实物如图 12.1（b）所示。

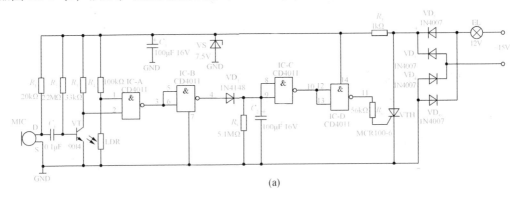

(a)

图 12.1 声光控灯电路

(b)

图 12.1　声光控灯电路（续）

声光控灯电路包括声音检测电路及处理电路、光信号检测及处理电路、电平转换电路、延时电路、晶闸管控制电路、电灯控制电路和稳压电路。

声音检测电路由驻极体传声器 MIC、偏置电阻器 $R_1$ 和信号耦合电容器 $C_1$ 组成；电源电压 7.5V 通过 $R_1$ 向驻极体传声器 MIC 提供工作电压，当驻极体传声器感受到一定声音时，漏极将输出一定幅度的交流信号，由 $C_1$ 耦合到处理电路。声音处理电路由三极管 VT、基极偏置电阻器 $R_2$、集电极负载电阻器 $R_3$ 组成，实际上就是一个固定偏置放大电路；静态时电路处于饱和状态，集电极输出低电平"0"，当三极管的基极有交流信号到来时，其负半周促使 VT 从饱和状态退出接入放大状态，集电极输出高电平"1"。

光信号检测及处理电路由分压电阻器 $R_4$ 和光敏电阻器 LDR 组成，白天时，光敏电阻器受光强，其等效电阻器小，LDR 分得电压低，为低电平"0"；夜晚时，光敏电阻器受光弱，其等效电阻大，LDR 分得电压高，为高电平"1"。

电平转换电路由 CD4011 的 A、B 两个与非门构成，与非门的逻辑功能是：有 0 出 1，全 1 出 0。可见，在白天时，CD4011 的引脚 1 为"0"，与非门 A 输入被封锁，不受声音控制，CD4011 的引脚 4 输出低电平"0"；夜晚时，CD4011 的引脚 1 为"1"，与非门 A 输入端被打开，驻极体传声器没有接收到声音时，CD4011 的引脚 4 仍输出低电平"0"，而此时一旦有声音被驻极体传声器接收，与非门 A 的两个输入端均为"1"，CD4011 的引脚 4 就会输出高电平"1"。

延时电路由开关二极管 $VD_1$、$R_5$、$C_2$ 组成，当 CD4011 的引脚 4 为低电平时，$VD_1$ 截止（防止 $C_2$ 上电压流入 CD4011 的引脚 4），$C_2$ 上此时无电压，CD4011 的引脚 8、9 均为低电平；当 CD4011 的引脚 4 为高电平时，$VD_1$ 导通，对 $C_2$ 充电，$C_2$ 上开始有电压，CD4011 的引脚 8、9 变为高电平；CD4011 的引脚 4 变为低电平后，$C_2$ 又通过 $R_5$ 放电，放到一定电压时，CD4011 的引脚 8、9 又变为低电平，这就是灯亮的延时时间。

晶闸管控制电路由 CD4011 的两个与非门（C 和 D）、限流电阻器 $R_6$、单向晶闸管 VTH 构成；当 CD4011 的引脚 8、9 为高电平时，CD4011 的引脚 11 输出高电平"1"，通

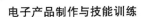
过 $R_6$ 加到 VTH 的控制极触发晶闸管，使晶闸管导通，白炽灯亮；当 CD4011 的引脚 8、9 为低电平时，CD4011 的引脚 11 输出电平"0"，晶闸管 VTH 的控制极失去触发电压。

电灯控制电路由晶闸管 VTH、桥式整流电路和白炽灯组成，交流电通过白炽灯丝加到桥式整流电路两端，整流形成约 12V、100Hz 的脉动直流电压，该电压加到 VTH 的阳极，此时一旦 VTH 的控制极有触发电压，VTH 就导通，回路有电流流过白炽灯，使之发光。当 VTH 触发电平消失，在 VTH 阳极脉动直流电压为零时，VTH 截止，电灯熄灭。为了实习安全，这里使用的交流电为 15V 安全电压，这时白炽灯会闪烁；实际应用中使用 220V 交流电，白炽灯为 220V 规格，效果较好。

稳压电路由电压调整电阻器 $R_7$、稳压二极管 VS、滤波电容器 $C_3$ 组成，这是一个典型的并联型二极管稳压电路，形成 7.5V 的稳定电压，为 CD4011、驻极体传声器、三极管放大电路提供工作电压。实际应用中桥式整流输出约 220V 脉动直流电，故需串联耐压高的电容器和高阻值电阻器后，再进行稳压。

制作声光控节能灯的工作流程如下所示。

## 任务 12.1 识别与检测声光控灯电路的元器件

**任务描述：**

声光控灯电路主要使用了光敏电阻器、晶闸管、与非门集成电路 CD4011、稳压二极管、电阻器和电容器。本任务主要认识与检测光敏电阻器、晶闸管、CD4011 和稳压二极管，并将所有元器件检测后的有关数据填入表 12.4 中。

### 12.1.1 实践操作：识别与检测声光控灯电路的相关元器件

**器材准备** 本任务所需元器件如表 12.1 所示。

表 12.1 装配声光控灯所需元器件

| 代 号 | 名 称 | 规格/型号 | 数量/只 | 代 号 | 名 称 | 规格/型号 | 数量/只 |
|---|---|---|---|---|---|---|---|
| $R_1$ | 电阻器 | 20kΩ | 1 | $R_6$ | 电阻器 | 56 kΩ | 1 |
| $R_2$ | 电阻器 | 2.2MΩ | 1 | $R_7$ | 电阻器 | 1 kΩ | 1 |
| $R_3$ | 电阻器 | 33 kΩ | 1 | $C_1$ | 瓷片电容器 | 0.1μF | 1 |
| $R_4$ | 电阻器 | 100 kΩ | 1 | $C_2$、$C_3$ | 电解电容器 | 100 μF 16V | 2 |
| $R_5$ | 电阻器 | 5.1 MΩ | 1 | VS | 稳压二极管 | 7.5V | 1 |

续表

| 代号 | 名　称 | 规格/型号 | 数量/只 | 代号 | 名　称 | 规格/型号 | 数量/只 |
|---|---|---|---|---|---|---|---|
| VD$_1$ | 开关二极管 | 1N4148 | 1 | EL | 白炽灯 | 12V 0.5W | 1 |
| VD$_2$、VD$_3$<br>VD$_4$、VD$_5$ | 整流二极管 | 1N4007 | 4 | IC | 集成电路 | CD4011 | 1 |
| VTH | 单向晶闸管 | MCR100－6<br>(400V 0.8A) | 1 | LDR | 光敏电阻器 | MG44－03 | 1 |
| VT | 三极管 | 9014 | 1 | AC | 交流电50Hz | 15V | 1组 |
| MIC | 驻极体传声器 | CM－18W | 1 | | | | |

注：电阻器均用插件式，功率为0.25W，四色环或五色环均可，碳膜或金属膜均可。

本任务所需装配工具、仪表如表12.2所示。

表12.2　制作声光控灯电路所需工具和仪表

| 工具 | 35W电烙铁焊接工具（含烙铁架、松香、焊锡丝、海绵适量）1套，斜口钳、镊子、锉刀、尖嘴钳各1把，细砂纸少量 |
|---|---|
| 仪表 | MF47型万用表1只，DT9205型数字式万用表1只，15V交流电源1组 |
| 其他材料 | 单孔万能板（90mm×70mm）1块，导线（双股电话线）50cm，14脚的集成块插座1个 |

### 1　认识声光控灯电路中的元器件实物外形

声光控灯电路所需元器件实物如图12.2所示。

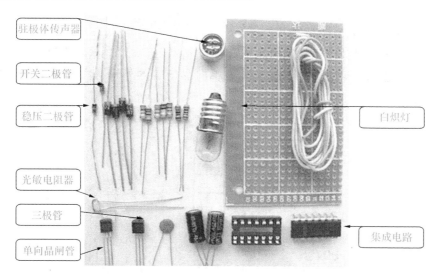

图12.2　声光控灯电路中的元器件

### 2　识别与检测光敏电阻器

第一步　识别光敏电阻器。

光敏电阻器是利用半导体光电导效应制成的一种特殊电阻器，对光线十分敏感。常见光敏电阻器外形如图 12.3（a）所示。光敏电阻器图形符号如图 12.3（b）所示。

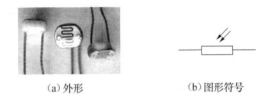

（a）外形　　　　　　　　（b）图形符号

图 12.3　光敏电阻器的外形与图形符号

第二步　检测光敏电阻器。

光敏电阻器的检测方法与检测普通电阻器的方法相似，在光照下用 $R \times 10$ 挡检测，阻值较小；用黑色胶布完全包住光敏电阻器，用 $R \times 10\mathrm{k}$ 挡检测，阻值应很大，检测方法如图 12.4 所示。

（a）检测光敏电阻器亮电阻　　　（b）检测光敏电阻器暗电阻

图 12.4　检测光敏电阻器、亮电阻和暗电阻

**3　识别与检测晶闸管**

第一步　识别晶闸管。

晶闸管全称闸流晶体管，常用的晶闸管有单向晶闸管和双向晶闸管两种。单向晶闸管有 3 个电极：阳极 A、阴极 K、控制极 G。单向晶闸管的外形、内部结构及电路符号如图 12.5 所示。

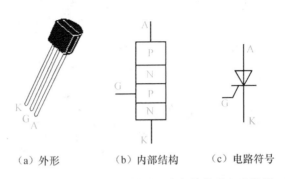

（a）外形　　　　（b）内部结构　　　　（c）电路符号

图 12.5　单向晶闸管的外形、内部结构及电路符号

单向晶闸管实质就是一个受控制的开关，具体介绍见知识链接。

第二步　检测晶闸管。

单向晶闸管 MCR100—6 的检测包括极性判断和是否能被触发。

判断极性时，将万用表置于 $R \times 1$ 挡，用两表笔分别检测任意两引脚间正、反向电阻，有一次阻值较小，阻值小的一次检测中，黑表笔所接引脚为控制极 G，红表笔所接引脚为阴极 K，剩下的一个引脚为阳极 A。

检测性能时，挡位不变，将黑表笔接单向晶闸管的阳极 A，红表笔仍接阴极 K，此时万用表指针应不动；再用短线瞬间短接阳极 A 和控制极 G，如果万用表读数为 $10\Omega$ 左右，则晶闸管可用。

**4**　**识别与检测集成电路 CD4011**

集成电路 CD4011 内部有 4 个二输入与非门，属于 CMOS 集成电路，电源电压范围为 $-0.5 \sim 18\text{V}$；双列直插封装功耗约 700mW。其外形、引脚排列及内部结构如图 12.6 所示。

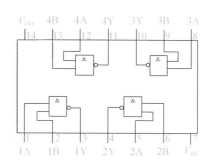

（a）实物外形　　　　　　　　（b）引脚排列及内部结构

图 12.6　CD4011 的外形、引脚排列及内部结构

CD4011 的引脚功能以及各引脚内电阻检测如表 12.3 所示（使用 MF47 型万用表的 $R \times 1\text{k}$ 挡检测）。

表 12.3　CD4011 的引脚功能以及各引脚内电阻检测表

| 引脚 | | 1 | 2 | 3 | 4 | 5 | 6 | 7 |
|---|---|---|---|---|---|---|---|---|
| 字母表示 | | 1A | 1B | 1Y | 2Y | 2A | 2B | $V_{SS}$ |
| 功能 | | 数据输入 | 数据输入 | 数据输出 | 数据输出 | 数据输入 | 数据输入 | 接地 |
| 内电阻/kΩ | $R_{正向}$ | ∞ | ∞ | ∞ | ∞ | ∞ | ∞ | 0 |
| | $R_{反向}$ | 13 | 13 | 12 | 12 | 13 | 13 | 0 |
| 引脚 | | 8 | 9 | 10 | 11 | 12 | 13 | 14 |
| 字母表示 | | 3A | 3B | 3Y | 4Y | 4A | 4B | $V_{DD}$ |
| 功能 | | 数据输入 | 数据输入 | 数据输出 | 数据输出 | 数据输入 | 数据输入 | 电源 |
| 内电阻/kΩ | $R_{正向}$ | ∞ | ∞ | ∞ | ∞ | ∞ | ∞ | ∞ |
| | $R_{反向}$ | 13 | 13 | 12 | 12 | 13 | 13 | 10 |

## 12.1.2　操作结果与总结

将识别与检测声光控灯电路中元器件的有关数据填入表 12.4 中（集成电路 IC 4 分，晶闸管 VTH 3 分，各规格二极管分别为 2 分，其余各规格元器件 1 分，共25分）。

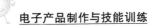

表12.4 声光控灯电路元器件识别与检测表

| 元器件代号 | 识别情况（电阻器写色环颜色；其他画外形示意图，标出标示、极性等） | 检测情况 | |
|---|---|---|---|
| | | 万用表挡位（指针式万用表和数字式万用表检测） | 测量结果 |
| $R_1$ | （色环颜色） | | 实测阻值： |
| $R_2$ | | | 实测阻值： |
| $R_3$ | | | 实测阻值： |
| $R_4$ | | | 实测阻值： |
| $R_5$ | | | 实测阻值： |
| $R_6$ | | | 实测阻值： |
| $R_7$ | | | 实测阻值： |
| $C_1$ | | | 指针式万用表测漏电情况：<br>数字式万用表测电容量： |
| $C_2$、$C_3$ | | | 指针式万用表测漏电情况：<br>数字式万用表测电容量： |
| $VD_1$ | | $R \times 1k$ | 正向阻值：<br>反向阻值： |
| VS | | $R \times 1k$ | $R_{正向} = $ $R_{反向} = $ |
| | | $R \times 10k$ | $R_{正向} = $ $R_{反向} = $ （体现稳压值） |
| $VD_2$、$VD_3$、$VD_4$、$VD_5$ | | | （分别为）$U_{正向} = $ $U_{反向} = $ |
| EL | | | 阻值为： |
| LDR | | 亮电阻器：<br>暗电阻器： | 亮电阻器阻值：<br>暗电阻器阻值： |
| MIC | | | 极性判别：<br>灵敏度判别： |
| VTH | | | $R_{GK} = $ $R_{KG} = $ 短路AK时：$R_{AK} = $ |
| IC | | $R \times 1k$ | 引脚1~6正向电阻分别为：<br>引脚8~14反向电阻分别为： |

## 任务 12.2 设计与装配声光控灯电路

**任务描述：**

先把声光控灯电路原理图按集成电路实际排列重画，设计出声光控灯电路的装配图；然后在万能板上插装、焊接元器件；最后在焊接面布线，完成电路的装配。

### 12.2.1　实践操作：设计并装配声光控灯电路

**器材准备**　装配声光控灯电路所需元器件和器材如表 12.1 和表 12.2 所示（或利用计算机及 Protel DXP 软件）。

**1　设计声光控灯电路装配图**

根据元器件实际尺寸在草稿纸上设计出合理、正确的声光控灯装配图（或在计算机上使用 Protel DXP 等软件设计）。

使用一块 70mm×45mm 的单孔万能板来装配声光控灯，布局声光控灯装配图有以下要求：

1）在元件面摆放好集成电路的位置。

2）驻极体传声器 MIC、光敏电阻器、白炽灯、电源的外接线路最好摆放在电路板边缘位置，元件面可设置跳线，但尽可能少设置跳线。

3）图 12.7 所示为声光控灯的装配图，可参考设计。

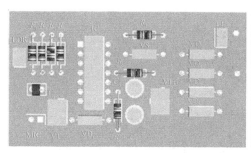
（a）元件面仿真布局图

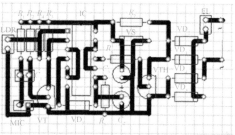
（b）装配图（正面）

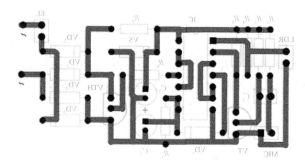
（c）焊接面走线图（反面）

图 12.7　声光控灯电路装配图

**2　装配声光控灯电路**

**第一步**　按设计的装配图在单孔万能板插装和焊接元器件，操作过程如图 12.8 所示。

1）参照图 12.7（b），卧式贴板插装电阻器、二极管；焊接、检查，剪切多余引脚。

2）贴板直插集成块插座、瓷片电容器、三极管，焊接、检查，剪切多余引脚。

3）直插电容器、光敏电阻器、驻极体传声器和白炽灯、外接线头，焊接、检查，剪切多余引脚。

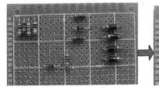  

(a)插装与焊接电阻器、二极管　(b)插装与焊接集成块插座与三极管　　(c)插装与焊接余下元件

图 12.8　声光控灯电路插装、焊接工艺过程

第二步　按设计的装配图图 12.7（c）在单孔万能板焊接面连接走线。

第三步　做好交流电源接线柱，检查插装与焊接、连线是否正确。

## 12. 2. 2　操作结果与总结

| 评定内容 | 配分 | 评定标准 | 小组评分 | 教师评分 |
|---|---|---|---|---|
| 设计的装配图 | 3 | 设计不合理、不规范，扣 1~3 分 | | |
| 元件面布局 | 3 | 元器件布局不合理，扣 1~3 分 | | |
| 插装工艺 | 5 | 元器件插装不合工艺要求，每处扣 1 分 | | |
| 焊接工艺 | 9 | 焊接点不符合焊接工艺要求，每处扣 0.5 分 | | |
| | | 总得分 | | |

## 任务 12.3　调测与检修声光控灯电路

任务描述：

　　装配好的声光控灯电路通过调试、检测、维修，可以实现的功能是：在白天，接通 15V 的交流电源，白炽灯 EL 不亮，对着驻极体传声器击掌发出声响，白炽灯仍不亮；把光敏电阻器用黑色胶布包住（模拟夜晚），白炽灯还是不亮，这时对着驻极体传声器击掌发出声响，白炽灯点亮，点亮一段时间（约 2min）后白炽灯自动熄灭。

### 12. 3. 1　实践操作：声光控灯电路的调测及其故障排除

器材准备　任务 12.2 装配的声光控灯电路及表 12.2 所示器材。

1　调测声光控灯电路

第一步　通电前检测电路是否短路。

正确插装集成电路 CD4011，使用指针式万用表的 $R \times 1k$ 挡检测交流电源输入端电阻，若电阻小，则需检查 $VD_2 \sim VD_5$ 是否安装正确，再测量 $C_3$ 两端的正、反向电阻。

装配的电路板检测结果为：交流电源输入端电阻为：_____。

$C_3$ 两端：$R_{正向} = $ _____，$R_{反向} = $ _____。

**第二步　通电测试白天时静态电压。**

接通 15V 交流电源，光敏电阻器对着光，不对驻极体传声器发声，电灯不亮，这时用指针式万用表测量：

1）驻极体传声器 MIC 两端电压、光敏电阻器 LDR 两端电压、$C_2$ 两端电压、$C_3$ 两端电压、VTH 的 A 和 K 之间的电压，并将测量结果记录于表 12.5 中。

2）CD4011 的各引脚电位，并将测量结果记录于表 12.6 中。

**表 12.5　白天静态时测量声光控灯电路关键电压**

| 测量项目 | MIC 两端电压 | 光敏电阻器两端电压 | $C_2$ 两端电压 | $C_3$ 两端电压 | VTH 的 A 和 K 之间的电压 |
|---|---|---|---|---|---|
| 测量值/V | | | | | |

**表 12.6　白天静态时测量 CD4011 各引脚电压**

| IC 各引脚 | 1 | 2 | 3 | 4 | 5 | 6 | 7 | 8 | 9 | 10 | 11 | 12 | 13 | 14 |
|---|---|---|---|---|---|---|---|---|---|---|---|---|---|---|
| 各脚电位/V | | | | | | | | | | | | | | |

**第三步　通电测试夜晚时电压。**

接通 15V 交流电源，黑色胶布包裹光敏电阻器时，对驻极体传声器吹气，白炽灯亮，这时用指针式万用表测量：

1）驻极体传声器 MIC 两端电压、光敏电阻器 LDR 两端电压、$C_2$ 两端电压、$C_3$ 两端电压、VTH 的 A 和 K 之间的电压，并将测量结果记录于表 12.7 中。

2）CD40011 的各引脚电位，并将测量结果记录于表 12.8 中。

**表 12.7　夜晚且对驻极体传声器吹气时测量声光控灯电路关键电压**

| 测量项目 | MIC 两端电压 | 光敏电阻器两端电压 | $C_2$ 两端电压 | $C_3$ 两端电压 | VTH 的 A 和 K 之间的电压 |
|---|---|---|---|---|---|
| 测量值/V | | | | | |

**表 12.8　夜晚且对驻极体传声器吹气时测量 CD4011 各引脚电压**

| IC 各引脚 | 1 | 2 | 3 | 4 | 5 | 6 | 7 | 8 | 9 | 10 | 11 | 12 | 13 | 14 |
|---|---|---|---|---|---|---|---|---|---|---|---|---|---|---|
| 各脚电位/V | | | | | | | | | | | | | | |

**2　分析声光控灯电路**

通过对电路电压的测试，分析以下问题。

1）从声光控灯电路原理图分析为什么 CD4011 的第 2 引脚在无声时为低电平，有声音时为高电平？

分析提示：由 VT 的工作状态来分析。

2）在声光控灯电路中，灯亮后为什么会延时熄灭？

分析提示：$C_2$ 为储能元件。

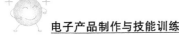

3）MCR100—6 导通与关断的条件是什么？

分析提示：见知识链接。

3 排除声光控灯电路故障

利用单孔万能板装配的声光控灯电路的常见故障现象及其排除方法如表 12.9 所示。

**表 12.9　声光控灯电路的常见故障及其排除的方法**

| 故障现象 | 检修方法 | 故障可能原因 | 排除故障的方法 |
|---|---|---|---|
| 接通交流电后，白炽灯 EL 一直发光 | 电阻法、电压法 | 晶闸管 VTH 短路或击穿 | 测量 VTH 的控制极电压或电阻法判断 VTH 质量 |
| 接通交流电后，白天对驻极体传声器发声，白炽灯亮 | 电压法 | 光敏电阻器支路开路或光敏电阻器开路 | 检查线路或更换光敏电阻器 |
| 接通交流电后，夜晚对驻极体传声器发声，白炽灯不亮 | 观察法、电阻法、电压法 | 1）电路有开路处；<br>2）CD4011 损坏或供电不正常；<br>3）VTH 开路损坏；<br>4）驻极体传声器接反或开路 | 1）电阻法检查开路处；<br>2）检测供电电压或更换 CD4011；<br>3）检测 VTH 质量；<br>4）检查驻极体传声器 |
| 不能延时 | 电压法 | $C_2$ 开路 | 检查 $C_2$ 线路 |

## 12.3.2　操作结果与总结

| 评定内容 | 配分 | 评定标准 | 小组评分 | 教师评分 |
|---|---|---|---|---|
| 电路功能 | 15 | 1）白炽灯长灭不能声控发光，扣 5 分；<br>2）白炽灯长亮不能延时熄灭，扣 5 分；<br>3）白天也能受控亮灭，扣 5 分 | | |
| 通电前检测 | 5 | 1）不会检测扣 5 分；<br>2）检测每错 1 处，扣 1～2 分 | | |
| 白天电压检测 | 5 | 1）表 12.5 错 2 空，扣 1 分；<br>2）表 12.6 错 4 空，扣 0.5 分 | | |
| 夜晚电压检测 | 5 | 1）表 12.7 错 2 空，扣 1 分；<br>2）表 12.8 错 4 空，扣 0.5 分 | | |
| 电路分析 | 5 | 基本能分析，得 1～5 分 | | |
| 故障检修 | 5 | 焊接点不符合焊接工艺要求，每处扣 0.5 分 | | |
| | | 总得分 | | |

# 知识链接：晶闸管和集成电路CD4011

## 1 晶闸管

晶闸管在电路中常用于作交直流开关、交直流调压、可控整流、逆变、斩波等，具有体积小，重量轻，响应速度高，作为开关应用无触点，寿命长等优点。它是现代电路中一个重要的电子器件。晶闸管从结构和功能上又可分为多种，在这里仅介绍常用的单向晶闸管和双向晶闸管。

（1）单向晶闸管

1）单向晶闸管的结构。单向晶闸管的结构、符号如图12.9所示。

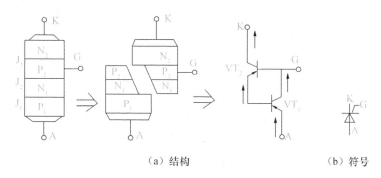

（a）结构　　　　　　（b）符号

图12.9　单向晶闸管的结构和符号

单向晶闸管内部有4个区域，3个PN结。外部引出3个电极：阳极A、阴极K、控制极（也称门极）G。单向晶闸管的外形如图12.10所示。

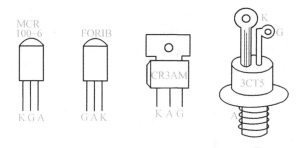

图12.10　几种晶闸管的外形结构

2）用万用表判测单向晶闸管。

① 晶闸管的管脚判别。如图12.11所示，将万用表置于$R \times 1$挡，测量单向晶闸管3个引脚间的正、反向电阻值，共6次，只有一次阻值较小，基本可判断该管正常。阻值小的一次检测中，黑表笔接的是控制极G，红表笔接的是阴极K，另一个引脚就为阳极A。

② 触发特性测试。测试出3个电极后，用万用表可简单测试单向晶闸管的触发特性。如图12.12所示，万用表调到$R \times 1$挡，将黑表笔接A，红表笔接K；在A和G之间加一电阻器（用人体电阻）或瞬间短接A、G，A、K之间呈导通状态（小电阻）；然后撤去A、G之间的电阻器（或A与G断开），这时万用表仍保持导通状态，说明晶闸管触发特性良好。

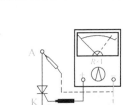
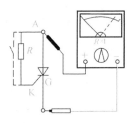

图 12.11　万用表判测单向晶闸管电极　　　图 12.12　万用表判测单向晶闸管触发特性

对于电流在 5A 以上的中、大功率普通晶闸管，因其通态压降 $V_T$、维持电流 $I_H$ 及控制极触发电压 $V_G$ 均相对较大，万用表 $R \times 1$ 挡所提供的电流偏低，晶闸管不能完全导通，故检测时可在黑表笔端串接一只 $200\Omega$ 可调电阻器和 $1 \sim 3$ 节 1.5V 干电池（视被测晶闸管的容量而定，其工作电流大于 100A 的，应用 3 节 1.5V 干电池）进行测量。另外也可用一些简单电路来进行测试。

3）工作原理。当单向晶闸管阳极 A 与阴极 K 之间加有正向电压，同时控制极 G 与阴极 K 间加上所需的正向触发电压时，晶闸管才能触发导通，此时阳极 A 与阴极 K 间呈低阻导通状态，A、K 间压降约为 1V；单向晶闸管导通后，控制极 G 即使失去触发电压，只要阳极 A 和阴极 K 之间仍保持正向电压，单向晶闸管继续处于低阻导通状态。当单向晶闸管阳极 A、阴极 K 间电压极性发生改变或者流过单向晶闸管的电流太小不能维持其导通时，单向晶闸管才由低阻导通状态转换为高阻截止状态。单向晶闸管一旦截止，即使阳极 A 与阴极 K 间又重新加上正向电压，仍需在其控制极 G 和阴极 K 间重新加上正向触发电压才能使其重新导通。

单向晶闸管的导通与截止状态相当于开关的闭合与断开状态，可作为无触点开关。

（2）双向晶闸管

1）双向晶闸管的外形、结构和符号如图 12.13 所示。双向晶闸管内部有多个区域和多个 PN 结，相当于两个单向晶闸管的并联；外部引出 3 个电极：第一阳极 $T_1$、第二阳极 $T_2$ 和控制极 G。

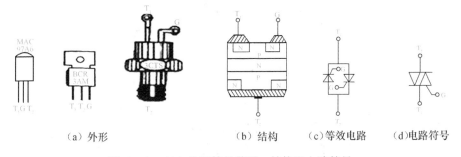

（a）外形　　　　　　　　（b）结构　　（c）等效电路　　（d）电路符号

图 12.13　双向晶闸管的外形、结构和电路符号

当 G 和 $T_1$ 相对于 $T_2$ 的电压为负时，导通方向为 $T_2 \rightarrow T_1$，此时 $T_2$ 为阳极，$T_1$ 为阴极。当 G 和 $T_2$ 相对于 $T_1$ 的电压为负时，导通方向为 $T_1 \rightarrow T_2$，此时 $T_1$ 为阳极，$T_2$ 为阴极。

双向晶闸管具有去掉触发电压后仍能维持导通的特性，只有当 $T_1$、$T_2$ 间电压降低到

不足以维持导通或 $T_1$、$T_2$ 间电压改变极性又没有触发电压时，晶闸管被阻断。

2）用万用表判测双向晶闸管。

① 判别各电极。从结构上看，G 与 $T_1$ 靠近，距 $T_2$ 较远。因此，G 与 $T_1$ 间正、反向电阻都很小。用万用表 $R \times 1$ 或 $R \times 10$ 挡分别测量双向晶闸管 3 个引脚间的正、反向电阻，若测得某一引脚与其他两引脚均不通，则此引脚便是电极 $T_2$。

找出 $T_2$ 之后，剩下的两引脚便是电极 $T_1$ 和控制极 G。测量这两引脚之间的正反向电阻，会测得两个均较小的电阻值。电阻值最小（约几十欧姆）的一次测量中，黑表笔接的是主电极 $T_1$，红表笔接的是控制极 G。

② 判别其质量。用万用表 $R \times 1$ 或 $R \times 10$ 挡测量双向晶闸管的 $T_1$ 与 $T_2$ 之间、$T_2$ 与控制极 G 之间的正、反向电阻，正常时均应接近无穷大。若测得电阻值均很小，则说明该晶闸管电极间已被击穿或漏电短路。

测量 $T_1$ 与控制极 G 之间的正、反向电阻，正常时均应在几十欧至一百欧之间（黑表笔接 $T_1$，红表笔接 G 时，测得的正向电阻较反向电阻略小一些）。若测得 $T_1$ 与 G 之间的正、反向电阻均为无穷大，则说明该晶闸管已开路损坏。

③ 检测触发能力。对于工作电流为 8A 以下的小功率双向晶闸管，可用万用表 $R \times 1$ 挡直接测量。测量时，先将黑表笔接 $T_2$，红表笔接 $T_1$，然后用镊子将 $T_2$ 与控制极 G 短路，给 G 加上正极性触发信号，若此时测得的电阻值由无穷大变为十几欧，则说明该晶闸管已被触发导通，导通方向为 $T_2 \rightarrow T_1$。

再将黑表笔接 $T_1$，红表笔接 $T_2$，用镊子将 $T_2$ 与控制极 G 之间短路，给 G 加上负极性触发信号时，测得的电阻值应由无穷大变为十几欧，则说明该晶闸管已被触发导通，导通方向为 $T_1 \rightarrow T_2$。

若在晶闸管被触发导通后断开 G，$T_2$、$T_1$ 间不能维持低阻导通状态而阻值变为无穷大，则说明该双向晶闸管性能不良或已经损坏。若给 G 加上正（或负）极性触发信号后，晶闸管仍不导通（$T_1$ 与 $T_2$ 间的正、反向电阻值仍为无穷大），则说明该晶闸管已损坏，无触发导通能力。

### 2　集成电路 CD4011

CD4011 为四 2 输入与非门集成电路，内部有 4 个相同的两输入与非门电路，每个与非控制的逻辑功能遵循："有 0 出 1，全 1 处 0"。逻辑表达式为 $Y = \overline{AB}$。

其真值表如表 12.10 所示，CD4011 引脚功能排列如图 12.14 所示。

表 12.10　与非门真值表

| 输入端 | | 输出端 |
|---|---|---|
| A | B | Y |
| 0 | 0 | 1 |
| 0 | 1 | 1 |
| 1 | 0 | 1 |
| 1 | 1 | 0 |

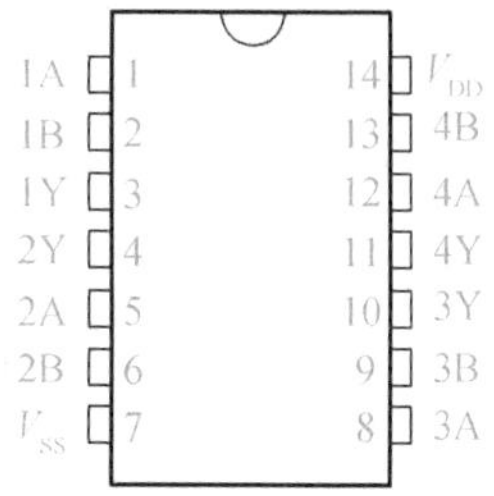

图 12.14　CD4011 引脚功能

CD4011 的工作参数如下。

$V_{DD}$ 电源电压范围： $-0.5 \sim 18V$。

功耗：双列普通封装晶闸管为 700mW，小型封装晶闸管为 500mW。

工作温度范围：CD4011BM 为 $-55 \sim +125℃$，CD4011BC 为 $-40 \sim +85℃$。

其交流电气特性可查相关资料。

**项目实训评价：利用万能板制作声光控灯操作综合能力评价**

| 评定内容 | 配分 | 评定标准 | | 小组评分 | 教师评分 |
|---|---|---|---|---|---|
| 任务 12.1 | 25 | 按任务 12.1 操作结果与总结表评分 | 完成时间 | | |
| 任务 12.2 | 20 | 按任务 12.2 操作结果与总结表评分 | 完成时间 | | |
| 任务 12.3 | 40 | 按任务 12.3 操作结果与总结表评分 | 完成时间 | | |
| 安全文明操作 | 5 | 1）工作台不整洁，扣 1～2 分；<br>2）违反安全文明操作规程，扣 1～5 分 | | | |
| 表现、态度 | 10 | 好，得 10 分；较好，得 7 分；一般，得 3 分；差，得 0 分 | | | |
| 总得分 | | | | | |

做一做

使用万能板制作一个智力抢答器，原理图如图 12.15 所示。所需元器件清单如表 12.11所示。

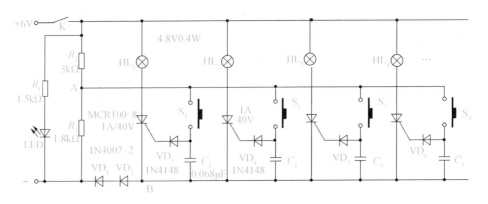

图 12.15  智力抢答器的电路原理图

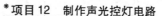

**表 12.11　元器件清单**

| 元器编号 | 型号规格 | 数量 | 元器编号 | 型号规格 | 数量 |
|---|---|---|---|---|---|
| 电阻器 $R_1$ | 1.5kΩ | 1 | 发光二极管 LED | φ5 红色 | 1 |
| 电阻器 $R_2$ | 3kΩ | 1 | 低压灯 $HL_1 \sim HL_4$ | 6V/0.4W | 4 |
| 电位器 $R_3$ | 1.8kΩ | 1 | 按键开关 $S_1 \sim S_4$ | 6mm×6mm | 4 |
| 电容器 $C_1$、$C_2$、$C_3$、$C_4$ | 0.068μF | 4 | 复位开关 S | 8mm×8mm | 1 |
| 二极管 $VD_1$、$VD_2$ | 1N4007 | 2 | 单向晶闸管 | MCR100-8 | 4 |
| 二极管 $VD_3$、$VD_4$、$VD_5$、$VD_6$ | 1N4148 | 4 | 电路板 | 单孔万能板（70mm×90mm）1 块 | 1 |

想一想

1. 分析声光控灯电路工作原理。

2. 如何判断单向晶闸管的极性和质量？

3. 在声光控灯电路原理图中，若 $VD_1$ 开路和短路分别会出现什么故障现象？

# 仿真与制作调光灯电路

本项目将使用电子仿真软件 Multisim 10 来设计一个调光灯电路原理图，如图 13.1(a)所示。

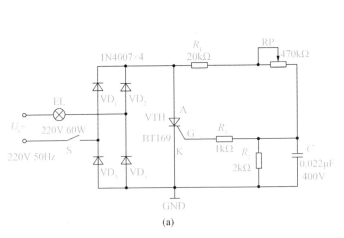

(a)

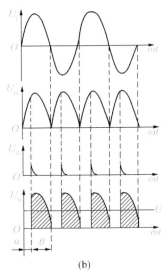

(b)

图 13.1　调光灯电路

阻容触发调光灯电路的工作原理：当电源开关 S 闭合后，220V 交流电压通过白炽灯加到由 VD$_1$、VD$_2$、VD$_3$、VD$_4$ 构成的桥式整流电路输入端，将 50Hz 交流电转变成 100Hz 脉动直流电，为单向晶闸管提供正向阳极电源。$R_1$、RP、$R_2$、C 构成单向晶闸管阻容触发控制电路，调节 RP 可改变充电电路的时间常数，实现触发脉冲移相以达到改变单向晶闸管控制角 $\alpha$ 大小的目的，从而改变晶闸管的导通角，使负载 EL 两端平均电压发生改变，实现调光的目的。

例如，当 RP 阻值较小时，电容器 C 的充电速度加快，$U_C$ 上升到单向晶闸管触发导通电压值所用的时间就缩短，这样单向晶闸管的控制角 $\alpha$ 将减小，单向晶闸管导通角增大，负载两端平均电压升高，白炽灯泡变亮；反之，RP 增大，白炽灯泡就变暗。$R_3$ 为限流电阻，防止过大的触发电流损坏晶闸管。

图 13.1(b) 是负载 EL 两端电压波形图：$U_i$ 为电路输入的 50Hz 交流电，$U_D$ 为桥式整流后的 100Hz 直流电，$U_G$ 为晶闸管触发电压，$U_H$ 为白炽灯泡两端电压。可见，$U_G$ 的频率不同，控制角就不同，晶闸管的导通程度也不同。

制作调光灯流程如下所示。

# 任务 13.1　创建与仿真调光灯电路

**任务描述：**

现代电子产品的设计与制造都离不开计算机的辅助设计和仿真，模拟现实电子实验室环境，在虚拟环境下设计和调测电路，大大缩短了电子产品试验的时间和成本，下面就来初步感受电子仿真软件给电子技术工作者带来的优势。

## 13.1.1　实践操作：绘制调光灯电路原理图并进行电路仿真

**器材准备**　仿真调光灯电路所需元器件清单如表 13.1 所示。

**表 13.1　调光灯电路中所需元器件**

| 代　号 | 名　称 | 规格/参数 | 数量/只 | 代　号 | 名　称 | 规格/参数 | 数量/只 |
|---|---|---|---|---|---|---|---|
| $R_1$ | 电阻器 | 20kΩ | 1 | RP | 电位器 | 470kΩ | 1 |
| $R_2$ | 电阻器 | 2kΩ | 1 | VD$_1$ ~ VD$_4$ | 二极管 | 1N4007 | 4 |
| $R_3$ | 电阻器 | 1kΩ | 1 | VTH | 晶闸管 | BT169 | 1 |
| C | 电容器 | 0.022μF 400V | 1 | S | 开关 | 单刀开关 | |
| EL | 白炽灯 | 220V 60W | 1 | | | | |

仿真调光灯所需设备如表 13.2 所示。

表 13.2　仿真调光灯电路所需设备

| 设备 | 计算机 1 台 |
| --- | --- |
| 软件 | 电子仿真软件 Multisim 10.0.1（教育汉化版） |

### 1 创建原理图

**第一步　进入工作界面。**

在计算机上打开 Multisim 10 电子仿真软件，进入工作界面，如图 13.2 所示。

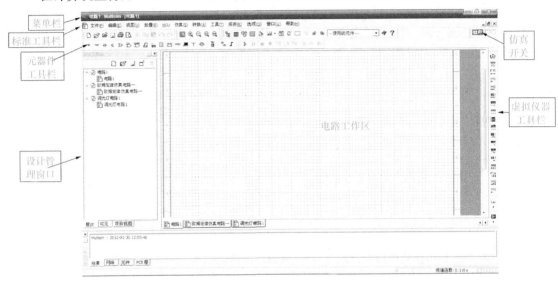

图 13.2　Multisim 10 工作界面

**第二步　新建电路。**

将新建文件命名为"调光灯电路 1"，保存在 E 盘的"仿真设计电路"文件夹中，如图 13.3 所示。

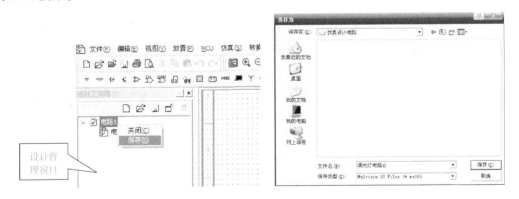

图 13.3　保存新建电路

**第三步　选择元器件符号标准。**

如图 13.4 所示，单击主菜单"选项/Global Preferences…"，弹出如图 13.5 所示对话框；默认打开的"零件"选项卡上有 4 栏内容，在"符号标准"栏中选择"ANSI"（美国标准）模式，目的是选择交流电源、接地和开关符号，然后单击"确定"按钮退出。

温馨提示："ANSI"为美国标准元器件符号，"DIN"为欧洲标准元器件符号。中国在使用电路元器件符号时与欧洲标准模式 DIN 相同，因为 ANSI 模式在电子行业广泛使用，所以常常两种标准模式都会用到。

图 13.4　"Global…"菜单按钮

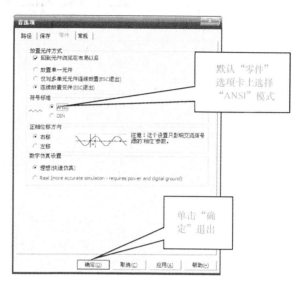

图 13.5　"首选项"对话框

第四步　放置交流电源、接地和开关符号。

单击元器件工具栏中" + "（放置信号源）按钮，在弹出的"选择元件"对话框的"系列"栏中选取"POWER_ SOURCES"（电源），在"元件"栏中选取"AC_ POWER"（直流电源），如图 13.6 所示，单击"确定"，将直流电源符号调出置于电路工作区。在相同对话框中选取"GROUND"（接地），把接地符号调出放置于电路工作区。**注意：Multisim 10 实验环境下任何电路在仿真时都必须接地。**

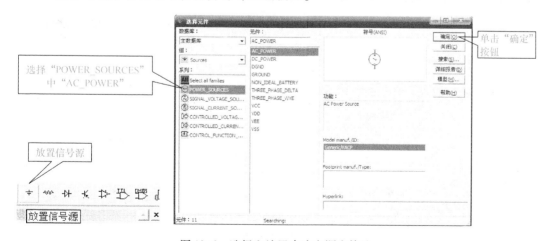

图 13.6　选择和放置直流电源和接地

在"选择元件"对话框的"组"内选择"Basic"（基础元件），再在"系列"下选择"SWITCH"（开关），如图13.7所示，在元件内选择"DIPSW1"，单击"确定"按钮，放置开关到电路工作区。

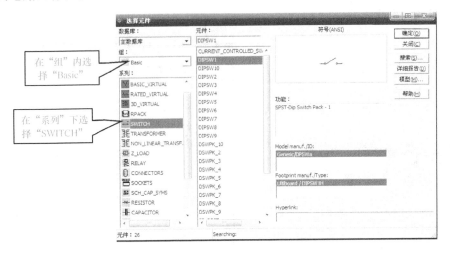

图13.7　选择和放置开关

第五步　选择中国标准电路符号。

重复第二步，单击主菜单"选项/Global Preferences…"，打开设置对话框，在"零件"选项卡的"符号标准"栏上选择"DIN"（欧洲标准）模式，与中国标准模式的电路符号基本相同，然后单击"确定"按钮退出。

第六步　放置电阻器、电位器、电容器、二极管和晶闸管元器件。

如图13.8所示，单击元器件工具栏中"　⌇⌇　"（放置基础元件）按钮，在弹出的"选择元件"对话框的"系列"栏中选取"RESISTOR"（电阻器），在"元件"栏选取20kΩ电阻，单击"确定"按钮，将20kΩ电阻调出放置于电路工作区，可连续放置其余电阻。

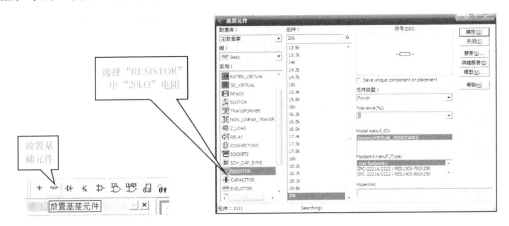

图13.8　放置电阻

如图13.9所示，在"选择元件"对话框的"系列"栏选择"RESISTOR POTENTIOM-

ETER"（电位器），再在"元件"栏中选取 500kΩ 电位器，调出置于电路工作区。

如图 13.10 所示，在"选择元件"对话框的"系列"栏选择"CAPACITOR"电容器，在"元件"内选择 22n 的电容器，调出置于电路工作区。

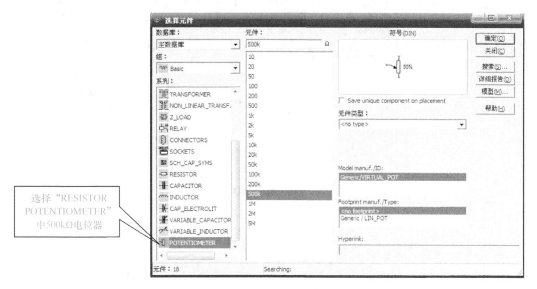

图 13.9　放置 500kΩ 的电位器

图 13.10　放置 22n 的电容器

如图 13.11 所示，在"选择元件"对话框的"组"中内选择"Diodes"（二极管），在"系列"栏中选择"DIODE"（二极管），在"元件"内选择"1N4007"，调出置于电路工作区。

如图 13.12 所示，在"系列"栏中选择"SCR"（晶闸管），在"元件"内选择"BT169_ B"，调出置于电路工作区。

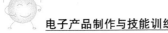
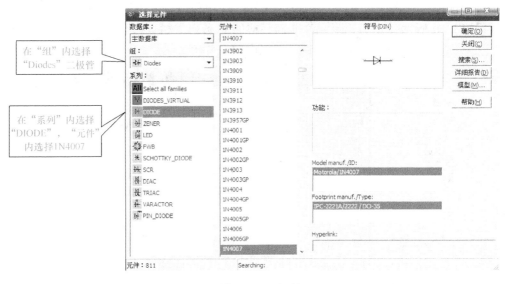

图 13.11　放置 4 只二极管 1N4007

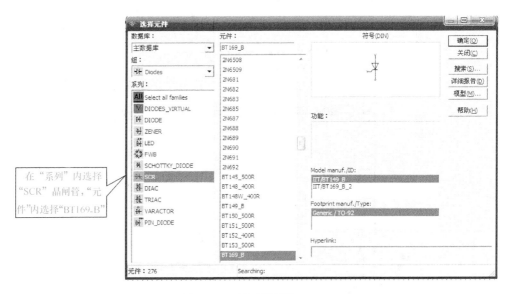

图 13.12　放置晶闸管 BT169

第七步　放置虚拟灯泡。

在主菜单栏空白处单击鼠标右键，弹出如图 13.13 所示快捷菜单，勾选"杂项元件"栏，弹出"杂项元件"工具条。单击"　"（虚拟灯泡），如图 13.14 所示，将灯泡置于电路工作区。

第八步　修改元器件的标示和参数。

参照项目描述调光灯原理图中各元器件的代号标示及参数修改，例如：用鼠标双击要修改的电源 V1，弹出如图 13.15 所示的对话框，在"标签"选项卡的"参考标识"下修改电路元件的文字符号（元件代号标识），系统默认的"V1"修改为"AC"，同理修改其他元件的标识；在参数选项卡上修改元件参数，将电源改为 220V、50Hz，如图 13.16

所示。

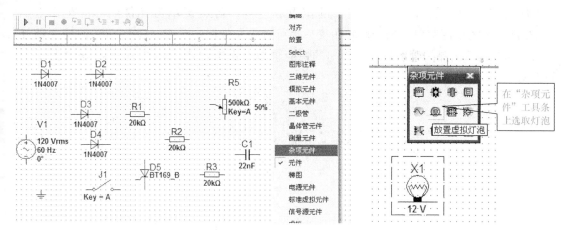

图 13.13　选择杂项元件工具条　　　　　　　图 13.14　放置虚拟灯泡

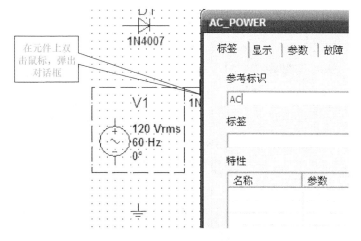

图 13.15　修改元件代号的标示

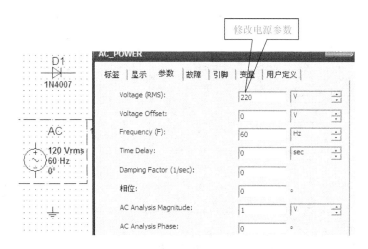

图 13.16　修改元件的参数

**第九步** 调整各元器件的方向和位置。

如图 13.17 所示，调整各元器件的位置和方向，可右键单击元件图标，在弹出如图 13.18 所示的快捷菜单中选择旋转角度，也可选中元件后同时按〈Ctrl + R〉改变元器件方向；如右键单击晶闸管图标，在弹出的快捷菜单中选中"水平镜像"，即可改变晶闸管的方向。

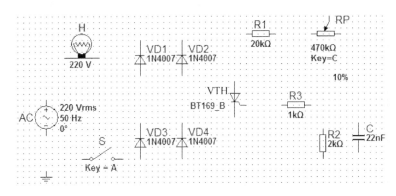

图 13.17　调整元器件的位置

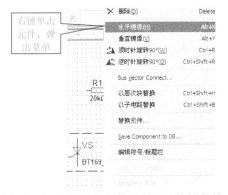

图 13.18　右键单击元件后弹出的快捷菜单

**第十步** 连接调光灯仿真电路。

按图 13.19 所示的电路关系连接调光灯仿真电路。注意必须接地，否则无法仿真。

温馨提示：连接电路后出现电路连接节点编号。为了隐藏节点编号，可在主菜单栏的"选项/Sheet Properties…"下打开表单属性设置对话框，默认打开的"电路"选项卡，将"网络名称"栏下默认的"全显示"选项改选为"全隐藏"，这样可以暂时隐藏电路节点的编号。

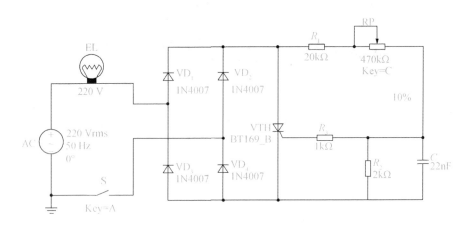

图 13.19　调光灯仿真电路

2　调光灯电路仿真

第一步　RP 的阻值控制和开关控制。

可变电阻 RP 为 470kΩ，每按一次快捷键 C，RP 按增加 5% 的比例（也可在元件属性里改变每次的变化比例）变化。若同时按〈Shift + C〉，将按递减 5% 的比例变化。也可在 RP 元件的滑动条上改变比例。如图 13.20 所示，在该电路中，0 对应 RP 的阻值为 470kΩ，10% 对应的阻值为 423kΩ，100% 对应 RP 的阻值为 0。开关 S 的快捷键是 A，或用鼠标控制。

第二步　连接测量仪表。

如图 13.21 所示，在虚拟仪表工具栏选择万用表、示波器等分别连接在白炽灯 EL、电容器 C 两端，连接情况如图 13.22 所示。

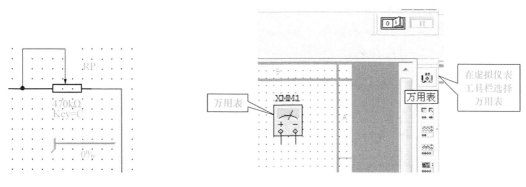

图 13.20　电位器阻值变化　　　　　　图 13.21　选择万用表

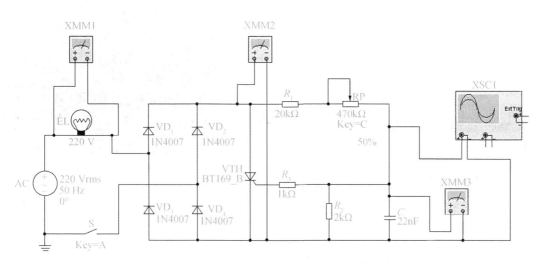

图 13.22　连接虚拟仪器仪表到被测电路中

第三步　设置仪表挡位。

打开三只万用表和示波器的显示面板，XMM1 万用表在交流电压挡，XMM2 和 XMM2 万用表都在直流电压挡；示波器在 A 通道，时间挡位在 "10ms/Div"，幅度挡位在 "1v/

Div",如图 13.23 所示。

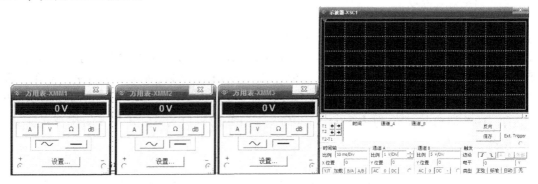

图 13.23 设置万用表和示波器的挡位

第四步 仿真电路。

使 RP 的比例为 0,其阻值就为 470kΩ。闭合电源开关 S,打开仿真开关 "▣▣" 或 "⊳" 或按 F5 键,让电路运行。电路运行结果如图 13.24 所示,灯泡熄灭。

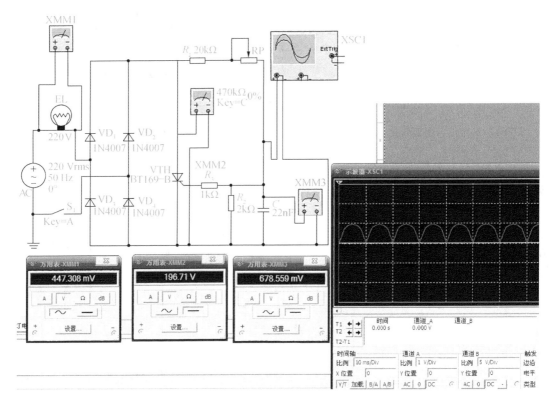

图 13.24 RP 阻值为 470kΩ 时电路的工作状态

调节 RP 到 10%,减小了 RP 阻值,再仿真,可见灯泡发光闪烁,其两端电压为 165V,如图 13.25 所示。

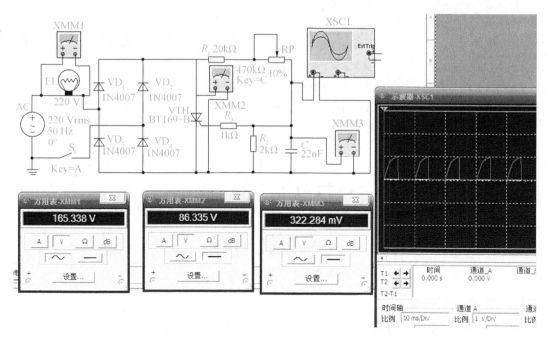

图 13.25 RP 阻值为 423kΩ 时电路的工作状态

3 调试与检测电路

分别调节 RP 阻值使其逐渐阻值较小，使用虚拟万用表、示波器进行测试：

1）整流输出（晶闸管 VTH 两端）电压变化情况。

2）$C$ 两端电压变化情况及波形。

3）白炽灯 EL 两端电压变化情况。

4）分别试验晶闸管开路和短路时电路会有何现象发生。

将测试数据填入表 13.3 中。

表 13.3 调光灯电路关键点测试

| 测试项目 | 测试数据 | 波形 |
| --- | --- | --- |
| 整流输出（晶闸管 VTH 两端）电压变化情况 | | / |
| $C$ 两端电压变化情况 | | |
| 白炽灯 EL 两端电压变化情况 | | / |
| 试验在晶闸管开路和短路时分别出现的现象 | | / |

## 13.1.2 操作结果与总结

| 评定内容 | 配分 | 评定标准 | 小组评分 | 教师评分 |
| --- | --- | --- | --- | --- |
| 使用 Multisim 10 软件 | 10 | 1）不会使用软件扣 10 分；<br>2）基本能使用软件，扣 3～7 分 | | |

续表

| 评定内容 | 配分 | 评定标准 | 小组评分 | 教师评分 |
|---|---|---|---|---|
| 创建电路图 | 10 | 创建原理图，错误 1 处扣 1 分 | | |
| 仿真电路 | 5 | 电路不能成功仿真，扣 5 分 | | |
| 测量电路工作情况 | 10 | 表 13.3 中测量错误，每处扣 1 分 | | |
| 总得分 | | | | |

## 任务 13.2 识别与检测调光灯元器件

任务描述：

单结晶体调光电路主要使用了电阻器、电容器、二极管、电位器和晶闸管，将所有元器件检测后的数据填入表 13.5 中。

### 13.2.1 实践操作：识别与检测调光灯电路的相关元器件

器材准备 本任务所需元器件如表 13.1 所示。本项目所需装配工具、仪表如表 13.4 所示。

表 13.4 利用万能板制作调光灯所需工具和仪表

| 仪表 | MF47 型万用表 1 只，DT9205 型数字式万用表 1 只，220V 交流电源 1 组 |
|---|---|
| 工具 | 35W 电烙铁焊接工具（含烙铁架、松香、焊锡丝、海绵适量）1 套，斜口钳、镊子、锉刀、尖嘴钳各 1 把，细砂纸少量，$\phi4$ 的一字旋具 1 把 |
| 其他材料 | 单孔万能板（70mm×45mm）1 块，导线（双股电话线）50cm |

第一步 识别单结晶体管

单结晶体管（简称 UJT）又称为双基极二极管，它是一种只有一个 PN 结和三个输出端的半导体器件，它的基片为条状的高阻 N 型硅片，两端分别用电阻接触引出两个基极 $b_1$ 和 $b_2$。在硅片中间略偏 $b_2$ 一侧用合金法制作一个 P 区作为发射极 e。单结晶体管的外形、结构、电路符号、等效电路如图 13.26 所示。

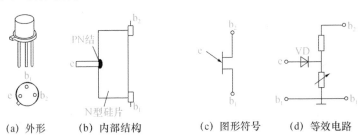

(a) 外形　　(b) 内部结构　　(c) 图形符号　　(d) 等效电路

图 13.26 单结晶体管的外形和图形符号

第二步 检测单结晶体管

判断单结晶体管发射极 e 的方法：将万用表置于 $R×100$ 挡或 $R×1k$ 挡，黑表笔接假设的发射极，红表笔接另外两个电极，当出现两次低电阻时，黑表笔接的就是单结晶体管的发射极 e。一般靠近突耳的引脚为发射极。

单结晶体管 $b_1$ 和 $b_2$ 的一般判断方法：将万用表置于 $R \times 100$ 挡或 $R \times 1k$ 挡，用黑表笔接发射极，红表笔分别接另外两个电极，两次测量中，电阻值大的一次，红表笔接的就是 $b_1$ 极。

单结晶体管多用作脉冲发生器使用。

### 13.2.2　操作结果与总结

将识别与检测的调光灯中元器件有关数据填入表 13.5 中。每空 1 分，共 25 分。

**表 13.5　调光灯电路元器件识别与检测表**

| 元器件代号 | 识别情况（电阻器写色环颜色，其他画外形示意图，标出标示、极性等） | 检测情况 | |
|---|---|---|---|
| | | 万用表挡位（指针式万用表和数字万用表检测） | 测量结果（按下面要求进行检测，将过程或结果填入空中） |
| $R_1$ | （色环颜色） | | 实测阻值： |
| $R_2$ | | | 实测阻值： |
| $R_3$ | | | 实测阻值：1.01kΩ |
| RP | | | 固定电阻值：　　可变电阻情况： |
| S | | $R \times 1$ | 通断情况检查： |
| C | | $R \times 1k$ | 指针式万用表测漏电情况：<br>数字式万用表测电容量： |
| $VD_1$、$VD_2$ | | | |
| $VD_3$、$VD_4$ | | $R \times 1k$ | 正向阻值：　　反向阻值： |
| EL | | | 阻值为： |
| VTH | | | $R_{GK} =$　　$R_{KD} =$<br>短路 AK 时：$R_{AK} =$ |

## 任务 13.3　利用万能板制作调光灯

**任务描述：**

制作调光灯电路板的方法与前面项目相同；首先设计出装配图；然后使用万能板进行插装和焊接元器件；再按设计好的装配图连接焊接线路；最后通过调试、测量使之实现功能。把检测数据与计算机仿真数据比较，分析异同。

### 13.3.1　实践操作：装配调光灯

**器材准备**　装配调光灯所需元器件和器材，如表 13.1 和表 13.4 所示。

第一步　设计装配图。先在纸上或使用 Protel-DXP 软件设计调光灯装配图。

第二步　插装与焊接元器件。将已检测后的元器件按工艺要求插装和焊接在万能板上。

第三步　在焊接面走线，完成装配。按设计好的装配图连接线路。

第四步 测试与分析调光灯电路。装配完成的电路板经检查插装、焊接合格后，就可通电测试了。

> **小提示**：使用 220V 电源电压，一定注意用电安全！采用隔离变压器！做好绝缘措施！

闭合开关 S，接通 220V 电源电压，调节 RP 时，使用指针式万用表的电压挡进行测试：

1）整流输出（晶闸管 VTH 两端）电压变化情况。

2）C 两端电压变化情况。

3）白炽灯 EL 两端电压变化情况。

4）试验在晶闸管开路和短路时分别会出现什么现象。

将测试数据填入表 13.6 中。

**表 13.6 调光灯电路关键点测试**

| 测试项目 | 测试数据 |
| --- | --- |
| 整流输出（晶闸管 VTH 两端）电压变化情况 | |
| C 两端电压变化情况 | |
| 白炽灯 EL 两端电压变化情况 | |
| 试验在晶闸管开路和短路时分别会出现什么现象 | |

第五步 与仿真环境测试数据比较，分析区别。将以上测试数据与任务 13.1 中测试数据比较，分析其异同。

第六步 排除调光灯故障。调光灯元器件较少，常见故障：灯不亮、灯亮不可调，主要原因是电路焊接或元器件极性装错造成。

装配的万能板有些什么故障现象：_____，

排除方法：_____。

## 13.3.2 操作结果与总结

| 评定内容 | 配分 | 评定标准 | 小组评分 | 教师评分 |
| --- | --- | --- | --- | --- |
| 电路功能 | 10 | 1）白炽灯亮度不能调节，扣 10 分；<br>2）效果不好扣 3~8 分 | | |
| 装配图 | 5 | 设计不合理、美观度差，扣 2~4 分 | | |
| 制作工艺 | 5 | 插装、焊接工艺不合格，每处扣 0.5 分 | | |
| 电路检测 | 5 | 表 13.6 错 1 空，扣 1 分 | | |
| 总得分 | | | | |

## 知识链接：常见的几种调光灯电路

通过对晶闸管导通角的控制就可改变白炽灯两端电压，实现其亮度的调节，当然也可应用到电风扇等需要调节电压的设备中，因此晶闸管电压调节电路应用较广。调光灯电路有单向晶闸管调光电路和双向晶闸管调光电路。本项目仿真和制作的调光灯属于单向晶闸管阻容触发调光电路。

双向晶闸管调光电路更简单，应用更广泛，如图 13.27 所示。图 13.27（a）所示为氖管触发调光电路，VTH 为双向晶闸管，一般的氖管必须加上约 80V 的电压才能使其击穿导通（导通时氖管发出橘红色的光），调节 RP 可以调节电容器 $C$，充电到 80V 以上时，氖管击穿，电容器 $C$ 经氖管向双向晶闸管控制极放电，晶闸管触发导通。因此，调节 RP 就能改变双向晶闸管的导通角，从而控制了电路的输出电压。该电路的特点是成本低，且氖管可作指示器，当氖管发光时，表示双向晶闸管已导通，负载上有电流通过。

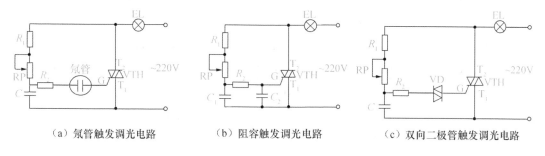

（a）氖管触发调光电路　　　　（b）阻容触发调光电路　　　　（c）双向二极管触发调光电路

图 13.27　常见的双向晶闸管调光电路

图 13.27（b）所示为阻容触发调光电路，该电路的特点是结构简单，成本低。通过两节 $RC$ 移相电路来控制双向晶闸管的导通角，从而达到调节输出电压的目的。

图 13.27（c）所示为双向二极管触发调光电路。VD 为双向二极管，当交流电源处于正半周时，电源通过 $R_1$、RP 向电容器 $C$ 充电，电容器 $C$ 上的电压极性为上正下负。当这个电压增高到双向二极管的导通电压时，VD 突然导通，使双向晶闸管的控制极 G 和主电极 $T_1$ 间得到一个正向触发脉冲，双向晶闸管导通。而后当交流电源过零的瞬间，双向晶闸管自行阻断。当交流电源处于负半周时，电源电压对电容器 $C$ 反向充电，$C$ 上的极性为下正上负，当电压值达到 VD 的转折电压时，双向二极管突然反向导通，使双向晶闸管得到一个反向触发信号，双向晶闸管也导通。调节 RP 的值，即可改变电容器的充电时间常数，从而改变脉冲出现的时刻，也就改变了双向晶闸管的导通角，从而达到调节负载两端电压的目的，实现调光。

图 13.28 所示为实用的双向晶闸管调光灯电路。电路中 VD 为双向二极管，型号为 DB3（导通电压为 35V、峰值脉冲电流为 5mA）。当所加的正向或反向电压达到其导通电压时，双向触发二极管就立即导通，并提供触发脉冲将双向晶闸管 VTH 触发导通。

当交流电压上正下负时，电源通过 $R_1$、RP 向电容器 $C_2$ 充电，电容器 $C_2$ 上的电压极性为上正下负，到达 35V 时 VD 突然导通，使 VTH 得到正向触发脉冲，双向晶闸管触发

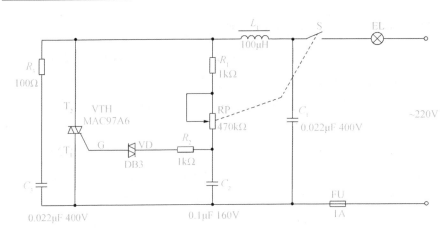

图 13.28　实用的调光灯电路

导通，白炽灯点亮。而当交流电源电压过零时，双向晶闸管则自行关断。

当电源电压极性为上负下正时，电容器 $C_2$ 反向充电，电压极性为上负下正，当该电压增高到 VD 的反向导通电压时，VD 突然反向导通，使双向晶闸管得到一个反向触发信号而导通，同样电源电压经双向晶闸管及灯泡等器件构成闭合回路，白炽灯点亮。

调节 RP 的值，改变电容器 $C_2$ 的充电时间常数，从而改变双向晶闸管触发脉冲出现时刻（即改变双向触发二极管 VD 的触发导通时刻），也就改变了双向晶闸管的导通角，从而达到调节输出电压大小的目的。

$R_3$ 和 $C_3$ 构成阻容保护电路，对双向晶闸管进行过电压保护（防浪涌电压）；$L_1$ 和 $C_1$ 构成滤波电路，一方面防止外界高频信号干扰控制电路，造成该电路不能稳定可靠地工作，另一方面防止本控制电路在调压时干扰和影响电网中其他电子设备；$R_2$ 为双向二极管和双向晶闸管控制极的限流电阻器；FU 为熔断器，起整个电路的短路保护作用。

图 13.29 所示为单结晶体触发单向晶闸管调光灯电路，闭合开关 S，220V 交流电压经过负载白炽灯 EL 连接到由 $VD_1$、$VD_2$、$VD_3$、$VD_4$ 组成桥式整流电路，交流电经整流后变成脉动直流电加到单向晶闸管的阳极（A 极）、阴极（K 极）之间。$R_1$、$R_2$、$R_3$、$R_4$、RP、$C$、VT 构成单结晶体管的振荡触发电路。由于单结晶体管的工作特点，开关时通时断，在 $R_3$ 两端就会形成一定幅度一定频率的尖脉冲。此脉冲频率大小由 $R_4$、RP、$C$ 的参数决定，因此调节 RP 就可改变 $R_3$ 上脉冲的频率。当首个尖脉冲加到单向晶闸管的控制极（G 极）时，单向晶闸管触发导通（此时单向晶闸管的导通角 $\theta$ 大小由控制极首个触发尖脉冲出现的时间决定）。220V 交流电经白炽灯、整流二极管和单向晶闸管形成了电流回路，白炽灯点亮。调节 RP 的大小就可改变电容器 $C$ 充放电的快慢（即充放电时间常数），从而改变加到单向晶闸管控制极的尖脉冲频率，也就改变了尖脉冲对单向晶闸管的触发时间，从而调整了单向晶闸管导通角的大小，实现了调光。

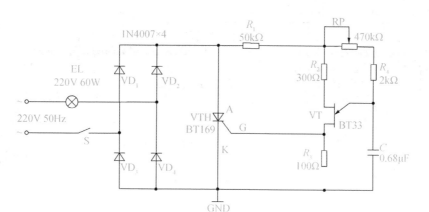

图13.29　单结晶体触发调光灯电路

**知识拓展：电子仿真软件 Multisim 10**

1　工作界面

启动 Multisim 10 以后，出现如图 13.30 所示的界面。这里使用的是 Multisim 10.0.1 教育汉化版。

图13.30　启动界面

Multisim 10 打开后的界面如图 13.31 所示，工作界面主要由菜单栏、工具栏、设计管理窗口、元件栏，仪器栏，电路工作区等部分组成。

如图 13.32 所示，选择"文件"/"新建"/"原理图"命令，即可打开主设计窗口。

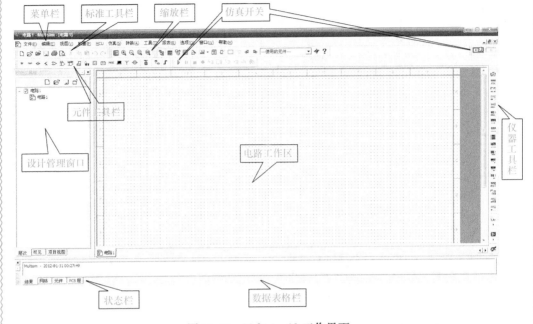

图 13.31 Multisim 10 工作界面

图 13.32 新建电路原理图

2 Multisim 10 功能简介

1) NI Multisim 10.0.1 是美国国家仪器公司（National Instruments, NI）推出的 Multisim 新版本。目前最新版本为 NI Multisim 11，增强了单片机的仿真功能。

2) 目前，美国 NI 公司的 EWB 包含有电路仿真设计的模块 Multisim、PCB 设计软件 Ultiboard、布线引擎 Ultiroute 及通信电路分析与设计模块 Commsim 4 个部分，能完成从电路的仿真设计到电路版图生成的全过程，属于 EDA 工具。这 4 个部分相互独立，可以分别使用。软件版本较多，各版本的功能和价格有明显的差异。

3) NI Multisim 10 用软件的方法虚拟电子与电工元器件，虚拟电子与电工仪器和仪表，实现了"软件即元器件"、"软件即仪器"。NI Multisim 10 是一个原理电路设计、电路功能测试的虚拟仿真软件。

4）NI Multisim 10 的元器件库提供数千种电路元器件供实验选用，同时也可以新建或扩充已有的元器件库，而且建库所需的元器件参数可以从生产厂商的产品使用手册中查到，因此也很方便在工程设计中使用。

5）NI Multisim 10 的虚拟测试仪器仪表种类齐全，有一般实验用的通用仪器，如万用表、函数信号发生器、双踪示波器、直流电源；还有一般实验室少有或没有的仪器，如波特图仪、字信号发生器、逻辑分析仪、逻辑转换器、失真仪、频谱分析仪和网络分析仪等。

6）NI Multisim 10 具有较为详细的电路分析功能，可以完成电路的瞬态分析和稳态分析、时域和频域分析、器件的线性和非线性分析、电路的噪声分析和失真分析、离散傅里叶分析、电路零极点分析、交直流灵敏度分析等，以帮助设计人员分析电路的性能。

7）NI Multisim 10 可以设计、测试和演示各种电子电路功能，包括电工学、模拟电路、数字电路、射频电路及微控制器和接口电路等。可以对被仿真的电路中的元器件设置各种故障，如开路、短路和不同程度的漏电等，从而观察不同故障情况下的电路工作状况。在进行仿真的同时，软件还可以存储测试点的所有数据，列出被仿真电路的所有元器件清单，以及存储测试仪器的工作状态、显示波形和具体数据等。

8）利用 NI Multisim 10 可以实现计算机仿真设计与虚拟实验，与传统的电子电路设计与实验方法相比，具有如下特点：设计与实验可以同步进行，可以边设计边实验，修改调试方便；设计和实验用的元器件及测试仪器仪表齐全，可以完成各种类型的电路设计与实验；可方便地对电路参数进行测试和分析；可直接打印输出实验数据、测试参数、曲线和电路原理图；实验中不消耗实际的元器件，实验所需元器件的种类和数量不受限制，实验成本低、速度快、效率高；设计和实验成功的电路可以直接在产品中使用。

9）NI Multisim 10 易学易用，便于电子信息、通信工程、自动化、电气控制类专业学生自学，便于开展综合性的设计和实验，有利于培养学者的综合分析能力、开发和创新能力。

### 3　设置 Multisim 10 的工作界面

这里介绍的是 Multisim 10.0.1 教育汉化版。

在设置仿真软件工作界面时，可以暂时关闭"设计管理窗口"，使电路工作区图纸范围扩大，更利于组建仿真电路。需要打开"设计管理窗口"时，可以单击主菜单"视图（View）"／"设计工具箱"，打开"设计管理窗口"，如图 13.33 所示。

在进行仿真实验以前，我们需要对电子仿真软件 Multisim 10 的工作界面进行一些必要的设置，目的是为了更加方便在电路工作区调用元器件和绘制仿真电路图。设置完成后，可以将设置内容保存起来，以后再次打开软件可以不必再进行设置。工作界面设置是通过主菜单"选项（Options）"的下拉菜单进行的。

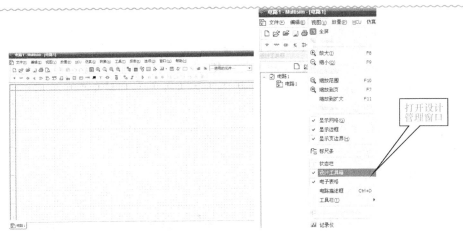

图 13.33　关闭和打开设计管理窗口

1）单击主菜单"选项"/"Global Preferences…"，如图 13.34 所示，将打开设置对话框，如图 13.35 所示。默认打开的"零件（Parts）"选项页下有 4 栏内容。

图 13.34　选项下拉菜单

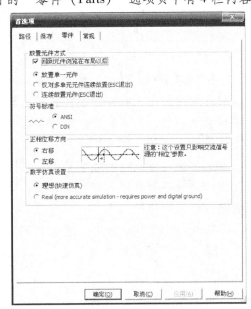

图 13.35　首选项（Global Preferences）对话框

"放置元件方式（Place component mode）"栏，默认"放置单一元件"项，建议单选"连续放置元件（Continuous placement）［ESC 退出］"项，即可以连续放置所选元件。

"符号标准（Symbol standard）"栏是关于选择元件符号模式的设置，建议单选"DIN"项，即选取元件符号为欧洲标准模式（注：因中国元件符号与欧洲标准模式基本相同），否则，调出的元件符号与常用电路图中的元件符号完全不同。

下面两栏内容可以采用默认设置，如图 13.35 所示。以上两项设置完成后，先单击对话框下方的"确定"按钮退出。

2）单击主菜单"选项（Options）"／"Sheet Properties…"，如13.34所示，打开"表单属性"对话框，如图13.36所示。默认打开的"电路"选项页下有4栏内容。将"网络名字（Net Names）"栏下默认的"全显示"选项改选为"全隐藏"，这样可以暂时隐藏电路节点的编号，绘制的仿真电路看起来比较简洁。当需要对电路进行分析时，要给电路节点加注编号，再将该选项设置成"全显示"。在该选项页中，只对这一点进行设置，其他栏内容均采用默认设置。

然后单击该对话框上方的"工作区"选项页，出现图13.37所示的对话框，单击"图纸大小（Sheet Size）"栏的下拉箭头，选取"A4"，使绘制仿真电路图纸便于打印，取消选中对话框左下角"以默认值保存"复选框，然后单击"确定"按钮退出。

图13.36 打开表单属性对话框

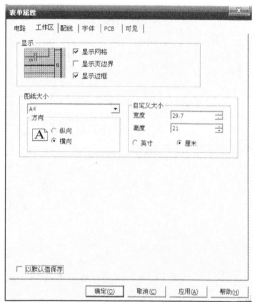

图13.37 工作区选项页

以上设置完成并被保存后，下次打开软件就不必再设置了。对于初学者来说，完成以上设置就可以了，若要了解更多设置，可参阅相关书籍，或者上网查询，此处不作详细叙述。

**4 调用和连接元器件**

（1）调用元器件

下面以调用电阻为例，介绍如何从 Multisim 10.0.1 汉化版软件元件库中调出元件。

1）方法一：如图13.38所示，单击工作界面元件工具条中的"<sub></sub>"（放置基础元件）按钮。

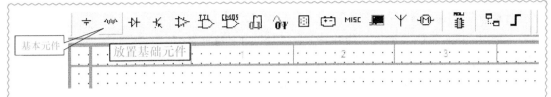

图 13.38　调用元器件方法一

方法二：在电路工作区空白处单击鼠标右键，弹出如图 13.39 所示的快捷菜单，单击"Place Component…"选项；或同时按〈Ctrl + W〉。

方法三：如图 13.40 所示，在主菜单的"放置"栏下拉菜单中选择"Component…"选项。

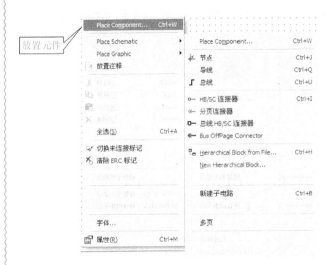

图 13.39　调用元器件方法二

图 13.40　调用元器件方法三

以上三种方法均可弹出如图 13.41 所示的"选择元件"对话框。

先在对话框左侧"系列"栏中选中"RESISTOR"（电阻器），然后拉动对话框中"元件"栏下右侧滚动条，可以从 $1m\Omega \sim 5T\Omega$（注：$1T\Omega = 10^{12}\Omega$）范围内任选所需要的电阻器。在此不妨选取 $1k\Omega$，最后单击对话框右上角的"确定"按钮。

2）此时鼠标箭头将带出一个电阻，在电路工作区单击一下鼠标左键，即可将 1 个 $1k\Omega$ 电阻器放置在电路工作区。移开鼠标箭头，仍然可以连续在电路工作区单击鼠标左键放置多个电阻器，如图 13.42 所示，已经在电路工作区放置了 3 个电阻器。不需要放置时单击鼠标右键或按 ESC 键即可退出操作。

3）若要对元件实施复制、删除、转向、旋转等操作，可用鼠标右键单击该元件图标，如图 13.43 所示，右键单击电阻器 $R_3$ 后将弹出快捷菜单，选择"剪切"或"删除"项，均可将该元件删除（或选中元件后直接按 Delete 键）；选择"复制"项，可以复制该元件；选择"水平镜像"项，可使元件作水平转向摆放；选择"垂

直镜像"项,可使元件作垂直转向摆放;选择"顺时针旋转90°"项,可使元件按
顺时针方向作90°旋转竖直摆放;选择"逆时针旋转90°"项,可使元件按逆时针方
向作90°旋转竖直摆放。如对电阻 $R_3$ 实施按顺时针方向作90°旋转竖直摆放操作后,
如图13.43所示。

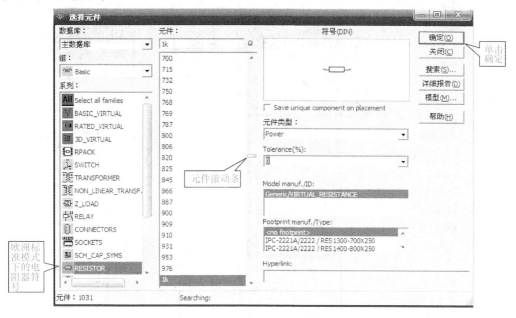

图 13.41　选择元件对话框

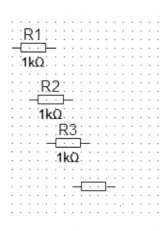

图 13.42　放置电阻器

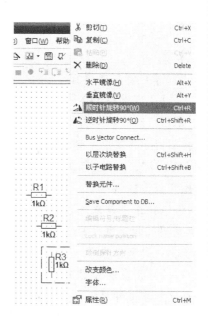

图 13.43　对元件操作

4）还可在主菜单栏空白处单击鼠标右键，弹出如图 13.44 所示的快捷菜单，在菜单中可选择理想的基本元件工具条。

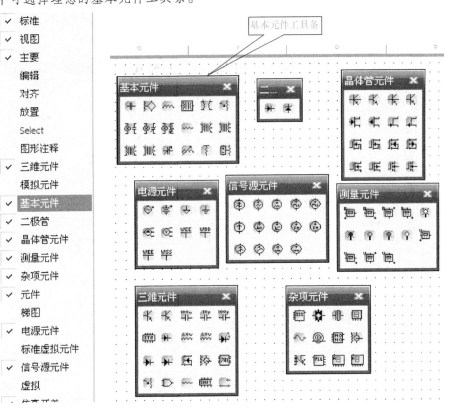

图 13.44　选择理想的元器件

（2）连接元器件

1）在电路工作区，单击"放置基础元件"按钮，从弹出对话框（图 13.41）的"系列"栏中选取电阻器，并从"元件"栏中找到电阻 $R_1$（100kΩ）和 $R_2$（24kΩ），将它们分别调出并旋转 90°，竖直摆放在电路工作区；仍在"系列"栏中选取"CA-PACITOR"（电容器），再从"元件"栏找到电容 $C_1$（10μF），将它调出置于电路工作区。

2）单击基本界面元件工具条中的"放置晶体管"按钮，在弹出的对话框左侧"系列"栏选取"BJT_ NPN"，然后在"元件"栏中选取 2N222A，如图 13.45 所示，将其调出置于电路工作区。

3）用鼠标左键单击某元件并按住鼠标左键可以将元件随意移动，到合适位置放开鼠标左键即可。调整好 4 个元件的位置和方向。

4）将鼠标指向所要连接的元件引脚上，鼠标箭头就会变成带十字的小圆点状（见电容器 $C_1$ 右端），如图 13.46（a）所示；按住鼠标左键沿着电路工作区的栅格点向右拉出虚线，到晶体管 $VT_1$ 的基极，如图 13.46（b）所示；单击鼠标左键即完

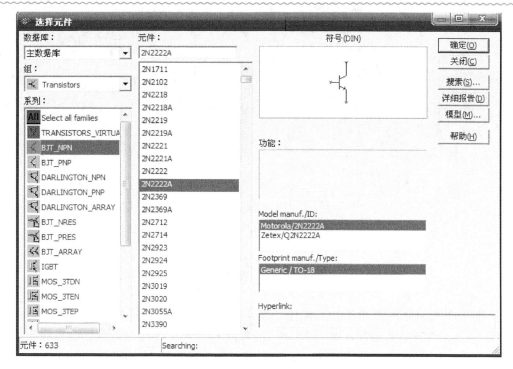

图 13.45 选取和调出三极管

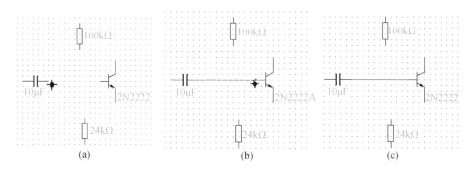

图 13.46 连接元器件

成 $C_1$ 与 $VT_1$ 之间的连接，并产生一条红色连线，如图 13.46（c）所示。

5）若要将图 13.46 中 4 个元件连在一起，在已经连好 $C_1$ 和 $VT_1$ 的基础上，必须先将电阻 $R_1$ 连好产生一个红色的节点，然后再连电阻 $R_2$。若 4 个元件两两相连，中间没有红色节点，如图 13.47（a）所示，这在电路中称为"虚焊"，应该引起特别注意。

6）在图 13.47（a）中，注释箭头所指 3 处元件连线均不正确，地线符号不能直接放在元件引脚上，它们之间必须要有栅格点和红色连线；两电阻连接不能引脚对引脚直接连线，应留有栅格。正确的连线如图 13.47（b）所示，连线与元件引脚之间必须间隔一个以上栅格点，且有一段红色连线存在。电路连接存在"虚焊"，仿真时将出错。

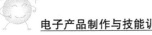

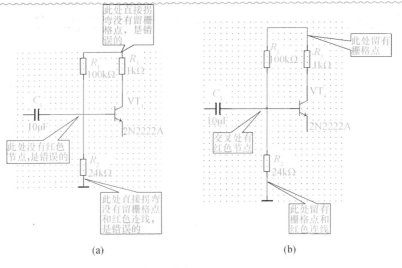

<table>
<tr><td>(a)</td><td>(b)</td></tr>
</table>

图 13.47　元件连线图

7）若要删除连错的导线，用鼠标右键单击该连线，在出现的下拉菜单中选择"删除"项，即可将其删除，如图 13.48（a）所示；或用鼠标左键单击该连线，导线上将产生蓝图小方块，按下 Delete 键也可将其删除，如图 13.48（b）所示。

Multisim 10 的功能十分强大，这里只能简单介绍，若需详细了解 Multisim 10 电子仿真软件，可阅读参考文献介绍的书籍或上网查询学习。

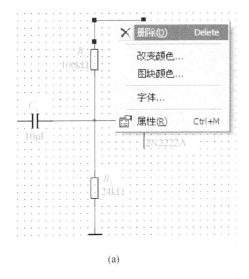

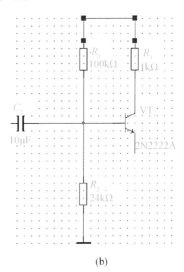

<table>
<tr><td>(a)</td><td>(b)</td></tr>
</table>

图 13.48　删除连错的导线

## 项目实训评价：利用软件和万能板制作调光灯操作综合能力评价

| 评定内容 | 配分 | 评定标准 | | 小组评分 | 教师评分 |
|---|---|---|---|---|---|
| 任务 13.1 | 35 | 按任务 13.1 操作结果与总结表评分 | 完成时间 | | |
| 任务 13.2 | 25 | 按任务 13.2 操作结果与总结表评分 | 完成时间 | | |
| 任务 13.3 | 25 | 按任务 13.3 操作结果与总结表评分 | 完成时间 | | |
| 安全文明操作 | 5 | 1）工作台不整洁，扣 1~2 分；<br>2）违反安全文明操作规程，扣 1~5 分 | | | |
| 表现、态度 | 10 | 好，得 10 分；较好，得 7 分；一般，得 3 分；差，得 0 分 | | | |
| 总得分 | | | | | |

────────── 做一做 ──────────

使用 Multisim 10 软件创建和仿真一个调光灯实用电路，原理图如图 13.28 所示。并回答该电路是否可作为电风扇的调速器。

# 参 考 文 献

陈雅萍 . 2007. 电子技能与实训 . 北京：高等教育出版社.

程勇 . 2010. 实例讲解 Multisim 10 的电路仿真 . 北京：人民邮电出版社.

高立新 . 2010. Protel-DXP-2004 电子 CAD 教程 . 北京：高等教育出版社.

辜小兵 . 2009. PCB 设计与制作 . 北京：高等教育出版社.

胡峥 . 2010. 电子技术基础与技能 . 北京：机械工业出版社.

蒋黎红 . 2010. 电子技术基础实验 & Multisim 10 仿真 . 北京：电子工业出版社.

刘晓书 . 2010. 电子产品装配与调测 . 北京：科学出版社.

王连英 . 2009. 基于 Multisim 10 的电子仿真实验与设计 . 北京：邮电大学出版社.

曾祥富 . 2010. 电工技术基础与技能 . 北京：科学出版社.